> Faszination Konstruktion

Berufsbild und Tätigkeitsfeld im Wandel

Albert Albers/Berend Denkena/
Sven Matthiesen (Hrsg.)

acatech STUDIE
September 2012

Herausgeber:
Prof. Dr.-Ing. Dr. h. c. Albert Albers
IPEK - Institut für Produktentwicklung
Karlsruher Institut für Technologie (KIT)
Kaiserstraße 10
76131 Karlsruhe
E-Mail: albert.albers@kit.edu

Prof. Dr.-Ing. Berend Denkena
IFW - Institut für Fertigungstechnik
und Werkzeugmaschinen
Leibniz Universität Hannover
An der Universität 2
30823 Garbsen
E-Mail: denkena@ifw.uni-hannover.de

Prof. Dr.-Ing. Sven Matthiesen
IPEK - Institut für Produktentwicklung
Karlsruher Institut für Technologie (KIT)
Kaiserstraße 10
76131 Karlsruhe
E-Mail: matthiesen@ipek.uka.de

Reihenherausgeber:
acatech – Deutsche Akademie der Technikwissenschaften, 2012

Geschäftsstelle
Residenz München
Hofgartenstraße 2
80539 München

Hauptstadtbüro
Unter den Linden 14
10117 Berlin

Brüssel-Büro
Rue du Commerce/Handelsstraat 31
1000 Brüssel
Belgien

T +49 (0) 89 / 5 20 30 90
F +49 (0) 89 / 5 20 30 99

T +49 (0) 30 / 2 06 30 96 10
F +49 (0) 30 / 2 06 30 96 11

T + 32 (0) 2 / 5 04 60 60
F + 32 (0) 2 / 5 04 60 69

E-Mail: info@acatech.de
Internet: www.acatech.de

Empfohlene Zitierweise:
Albers, Albert/Denkena, Berend/Matthiesen, Sven (Hrsg.): *Faszination Konstruktion. Berufsbild und Tätigkeitsfeld im Wandel* (acatech STUDIE), Heidelberg u.a.: Springer Verlag 2012

ISSN: 2192-6174/ISBN 978-3-642-31940-2/ISBN 978-3-642-31941-9 (eBook)
DOI: 10.1007/978-3-642-31941-9

Bibliografische Information der Deutschen Nationalbibliothek
Die Deutsche Nationalbibliothek verzeichnet diese Publikation in der Deutschen Nationalbibliografie; detaillierte bibliografische Daten sind im Internet über http://dnb.d-nb.de abrufbar.

Springer Vieweg
© Springer-Verlag Berlin Heidelberg 2012

Dieses Werk ist urheberrechtlich geschützt. Die dadurch begründeten Rechte, insbesondere die der Übersetzung, des Nachdrucks, des Vortrags, der Entnahme von Abbildungen und Tabellen, der Funksendung, der Mikroverfilmung oder der Vervielfältigung auf anderen Wegen und der Speicherung in Datenverarbeitungsanlagen, bleiben, auch bei nur auszugsweiser Verwertung, vorbehalten. Eine Vervielfältigung dieses Werkes oder von Teilen dieses Werkes ist auch im Einzelfall nur in den Grenzen der gesetzlichen Bestimmungen des Urheberrechtsgesetzes der Bundesrepublik Deutschland vom 9. September 1965 in der jeweils geltenden Fassung zulässig. Sie ist grundsätzlich vergütungspflichtig. Zuwiderhandlungen unterliegen den Strafbestimmungen des Urheberrechtsgesetzes. Die Wiedergabe von Gebrauchsnamen, Handelsnamen, Warenbezeichnungen usw. in diesem Werk berechtigt auch ohne besondere Kennzeichnung nicht zu der Annahme, dass solche Namen im Sinne der Warenzeichen- und Markenschutz-Gesetzgebung als frei zu betrachten waren und daher von jedermann benutzt werden dürften.

Koordination: Dr. Mandy Pastohr
Redaktion: Dunja Reulein, Linda Tönskötter
Layout-Konzeption: acatech
Konvertierung und Satz: Fraunhofer-Institut für Intelligente Analyse- und Informationssysteme IAIS, Sankt Augustin

Gedruckt auf säurefreiem Papier

Springer Vieweg ist eine Marke von Springer DE. Springer DE ist Teil der Fachverlagsgruppe Springer Science+Business Media
www.springer-vieweg.de

> INHALT

VORWORT DER HERAUSGEBER	7
KURZFASSUNG	9
PROJEKT	11

1 EINLEITUNG — 13
Albert Albers, Berend Denkena und Sven Matthiesen

2 DAS MASCHINENBAUSTUDIUM – EIN MÖGLICHER BILDUNGSWEG HIN ZUM KONSTRUKTEURBERUF — 15
Berend Denkena, Barbara Dengler und Philipp Hoppen

3 ELEKTRONISCHE FAKULTÄTENBEFRAGUNG — 19
Berend Denkena, Barbara Dengler und Philipp Hoppen

    3.1 Vorgehen — 19
    3.2 Datenbasis — 19
    3.3 Ergebnisse — 19
        3.3.1 Angebotene Maschinenbaustudiengänge — 20
        3.3.2 Verständnis des Konstrukteurberufs — 21
        3.3.3 Ausbildung von Konstrukteuren an Hochschulen — 30
    3.4 Zusammenfassung — 35

4 ANALYSE VON STUDIENORDNUNGEN — 37
Berend Denkena, Barbara Dengler und Philipp Hoppen

    4.1 Vorgehen — 37
        4.1.1 Bestimmung konstruktionsaffiner Fächer — 37
        4.1.2 Auswertungssystematik von Studiengangscurricula hinsichtlich Konstruktionsaffinität und -relevanz — 39
    4.2 Datenbasis — 43
    4.3 Ergebnisse — 44
    4.4 Zusammenfassung — 46

5 INTERVIEWS MIT INGENIEUREN AUS INDUSTRIE, HOCHSCHULEN UND VERBÄNDEN SOWIE STUDENTEN DER INGENIEURWISSENSCHAFTEN — 47
Martin Winter

    5.1 Vorgehen — 47
    5.2 Interviewpartner und Organisationen — 48

5.2.1	Die befragten Ingenieure	48
5.2.2	Studienwahl, Studienverlauf und Berufswunsch	50
5.2.3	Hochschulen und Fachbereiche	52
5.2.4	Verbände	52
5.2.5	Firmen	53
5.3	Berufsbild Konstrukteur	54
5.3.1	Definitionsversuche	54
5.3.2	Zwischen Produktentwicklung, Konstruktion und technischer Zeichnung	55
5.3.3	Akademisch und beruflich qualifizierte Konstrukteure	56
5.3.4	Der Konstrukteurbegriff im Wandel der Zeit	57
5.3.5	Zwischenresümee	59
5.3.6	Konstruktion zwischen Wissenschaft und Praxis	60
5.3.7	Image und Status des Konstrukteurberufs	63
5.3.8	Künftige Tätigkeitsfelder und Anforderungen	65
5.3.9	Zukunft des deutschen Maschinenbaus	66
5.4.	Studium und Weiterbildung	67
5.4.1	Notwendige Kenntnisse und Fähigkeiten von Konstrukteuren	67
5.4.2	Berufsqualifizierung und Praxisrelevanz	70
5.4.3	Unterschiede zwischen Fachhochschule und Universität	72
5.4.4	Ergänzungs- und Verbesserungsvorschläge zur Konstruktionsausbildung	74
5.4.5	Weiterbildung von Konstrukteuren	75
5.4.6	Vision einer idealen Aus- und Weiterbildung von Konstrukteuren	77
5.5	Beruf und Beschäftigung	78
5.5.1	Gehälter von Konstrukteuren	78
5.5.2	Karrieremöglichkeiten von Konstrukteuren	79
5.5.3	Mittel- und langfristiger Einstellungsbedarf an Konstrukteuren	81
5.5.4	Externalisierung von Konstruktionsaufgaben	82
5.6	Zusammenfassung und Schlussfolgerungen	83
5.6.1	Berufsbild Konstrukteur	83
5.6.2	Studium und Weiterbildung	84
5.6.3	Beruf und Beschäftigung	86

6 DIE EXPERTEN-WORKSHOPS 87
Albert Albers, Sven Matthiesen, Leif Marxen und Hannes Schmalenbach

6.1	Vorgehen	87
6.1.1	Workshop 1	87
6.1.2	Workshop 2	88

6.2	Mitwirkende	90
6.3	Ergebnisse	90
	6.3.1 Von Experten identifizierte Problemfelder und Ursachen	90
	6.3.2 Von den Experten vorgeschlagene Lösungsansätze	92
6.4	Zusammenfassung	98

FAZIT UND AUSBLICK   101
Albert Albers, Berend Denkena und Sven Matthiesen

LITERATUR- UND INTERNETQUELLEN   103

ANHANG A: FRAGEBOGEN ZUR ELEKTRONISCHEN FAKULTÄTENBEFRAGUNG   107

ANHANG B: AUSFÜHRLICHE STUDIENORDNUNGSANALYSE   111
Berend Denkena, Barbara Dengler und Philipp Hoppen

ANHANG C: ABBILDUNGS-, TABELLEN- UND ABKÜRZUNGSVERZEICHNIS   125

ANHANG D: AUTORENVERZEICHNIS   131

VORWORT DER HERAUSGEBER

„Wir brauchen mehr und besser qualifizierte Konstrukteure"* – diese Aussage eines Industriepartners hatte Hans Kurt Tönshoff und Berend Denkena, Professoren am Institut für Fertigungstechnik und Werkzeugmaschinen der Leibniz Universität Hannover, Ende 2008 dazu bewogen, das Thema der akademischen Ausbildung von Konstrukteuren bei der acatech – Deutsche Akademie der Technikwissenschaften vorzustellen. Konstrukteure sind ein wichtiger Motor für den Erfolg der deutschen Wirtschaft; ihre Ausbildung, ihr Berufsbild und ihre Arbeitsbedingungen müssen sich entsprechend den sich ändernden technischen und gesellschaftlichen Anforderungen und damit den Bedarfen in den Unternehmen ständig anpassen.

Die dadurch angestoßenen Diskussionen zwischen Unternehmens- und Universitätsvertretern innerhalb der acatech zeigten: Die Realität sieht häufig anders aus. Viele Unternehmen haben schon heute Schwierigkeiten, ihren Bedarf an qualifizierten Konstrukteuren zu decken. Es wird erwartet, dass sich dieser Umstand in Zukunft verschärfen wird. Neben der mangelnden Anzahl an Absolventen, die sich für eine Konstrukteurlaufbahn entscheiden, besteht zudem die Notwendigkeit an neuen Aus- und Weiterbildungs- sowie Karrierekonzepten für Konstrukteure, um den zukünftigen Anforderungen an diesen Beruf gerecht zu werden.

Die vorliegende acatech STUDIE zeigt den Weg, den das Projektteam beschritten hat, um konkrete Handlungsempfehlungen für eine Neuausrichtung der akademischen Ausbildung und das Berufsbild von Konstrukteuren zu erarbeiten, sowie die Ergebnisse.

Wir danken Professor Hans Kurt Tönshoff für seinen Einsatz für die Projektidee und der acatech für die Finanzierung. Unser Dank gilt weiterhin den Teilnehmern der Befragung, der Interviews und der Workshops für die Zusammenarbeit und den intensiven Gedankenaustausch sowie dem Projektteam für die Umsetzung des zusammengetragenen Stoffs in konkrete Handlungsempfehlungen. Wir bekennen uns dazu, selbst mit ganzem Herzen Konstrukteure zu sein. Deshalb würden wir uns freuen, wenn diese Schrift dazu führt, die akademische Ausbildung von Konstrukteuren und deren Stellung in Unternehmen nachhaltig zu verbessern.

Albert Albers   Berend Denkena

Sven Matthiesen

---

* Die Inhalte der Publikation beziehen sich in gleichem Maße sowohl auf Frauen als auch auf Männer. Aus Gründen der besseren Lesbarkeit wird jedoch die männliche Form (Ingenieur, Konstrukteur) für alle Personenbezeichnungen gewählt. Die weibliche Form wird dabei stets mitgedacht.

KURZFASSUNG

Produkte und Prozesse im Maschinen-, Fahrzeug-, Geräte- und Anlagenbau ändern sich stetig. Dies stellt Ingenieure vor immer wieder neue Herausforderungen und Aufgaben. Betroffen davon sind vor allem jene, die Entwickler, Treiber und Gestalter im Entstehungsprozess neuer mechanischer und mechatronischer Produkte sind: Konstrukteure.

Die Ausbildung von Konstrukteuren steht damit vor besonderen Herausforderungen. Sie muss dem Wandel an Tätigkeitsfeldern und Anforderungen mit angepassten Ausbildungskonzepten begegnen. Dabei will sie attraktiv sein für Studierende und Arbeitgeber. Denn die Absolventen von Ingenieurstudiengängen streben häufig in Bereiche wie Vertrieb, Fertigung, Montage, Betriebsorganisation, Logistik oder technische Geschäftsführung. Zu wenige Ingenieure verstehen sich als Konstrukteur im Sinne eines Produktentwicklers und suchen eine entsprechende Position in der Industrie. Dies ist vor dem Hintergrund des großen Einstellungsbedarfs im Bereich Konstruktion und signalisierten Problemen bei der Besetzung entsprechender Stellen bedenklich.

Das acatech Projekt „Konstrukteur 2020" widmete sich den geschilderten Problemfeldern – mit Fokus auf Berufsbild, Hochschulausbildung, Berufsleben und Weiterbildung. Zunächst wurde der Status quo der Konstruktionsausbildung an Hochschulen ermittelt. Die Daten lieferten unter anderem eine inhaltsanalytische Untersuchung von Studienordnungen, Befragungen von Fakultäten und Interviews mit den wichtigsten Stakeholdern (Studiengangverantwortliche, Studierende, Absolventen, Industrievertreter sowie Verbandsmitglieder). Dem wurden die Erwartungen der Industrie an moderne Konstrukteure gegenübergestellt. Anhand der empirischen Ergebnisse und des eigenen Fach- und Erfahrungswissens erarbeiteten Experten in zwei Workshops konkrete Problemfelder der Aus- und Weiterbildung von Konstrukteuren und des Konstrukteurberufs, deren Ursachen sowie Lösungsansätze. Diese nutzte die Projektgruppe anschließend zur Ableitung von Handlungsempfehlungen.

Hochschulstatistische Daten zur Ingenieurausbildung für den Maschinenbau

Viele Bildungswege führen zum Konstrukteurberuf: eine duale Berufsausbildung, gegebenenfalls kombiniert mit einer Fortbildung, wie auch ein akademisches Studium an einer Berufsakademie, Fachhochschule oder Universität. Für den akademischen Bereich liegen allerdings keine statistischen Daten zur Konstruktionsausbildung vor. In der Regel haben akademisch qualifizierte Konstrukteure aber ein Maschinenbaustudium absolviert. Über 100 Hochschulen bieten in Deutschland Maschinenbaustudiengänge an, rund 98.000 Studierende sind darin immatrikuliert.

Elektronische Befragung

Um Einschätzungen zum Berufsbild des Konstrukteurs und zur Konstruktionsausbildung an den Hochschulen zu gewinnen, wurden 46 Professoren der Konstruktions- beziehungsweise Produktionstechnik elektronisch befragt. Die Antworten zeigen, dass der Konstrukteur als Treiber und Gestalter im Entwicklungsprozess gesehen wird. Dafür braucht er klassisches Konstruktions-Know-how wie Kenntnisse zu Maschinenelementen und Materialien, zu Mechanik, Fertigungs- und Montagetechnik sowie analytisches Denken und räumliches Vorstellungsvermögen. Für den Konstrukteur von morgen werden aber auch Projektmanagement, Kostenrechnung, Kreativität und Problemlösungsfähigkeiten eine zentrale Rolle spielen. Die Einschätzungen der befragten Professoren zu aktuellen und zukünftig wichtigen Voraussetzungen von Konstrukteuren gehen jedoch zum Teil weit auseinander. Offensichtlich sind das Berufsbild und das Anforderungsprofil von Konstrukteuren nicht klar umrissen.

In der Ausbildung von Konstrukteuren sind Vorlesungen das dominante Lehrformat. Daran wird sich nach Meinung der befragten Professoren zukünftig wenig ändern. Dennoch hält die überwiegende Mehrheit Konstruktionsprojekte für das geeignetste Lehrformat für die Vermittlung von Konstruktionsfähigkeiten.

Studienordnungsanalyse

Mittels einer quantitativen Studienordnungsanalyse wurde der Anteil konstruktionsaffiner Inhalte am Maschinenbaustudium an fünf Universitäten und drei Fachhochschulen untersucht. Die Ergebnisse zeigen, dass sich die konstruktionsaffinen Anteile zum Teil recht deutlich unterscheiden – im Master-Angebot allerdings noch mehr als im Bachelor-Studium. Im Zuge der Bachelor-/Master-Umstellung haben einige Universitäten und Fachhochschulen außerdem die konstruktionsaffinen Anteile erhöht, andere hingegen beibehalten oder verringert.

Interviews mit Ingenieuren aus Industrie, Hochschulen und Verbänden sowie Studenten der Ingenieurwissenschaften

Ein zentrales Ergebnis der insgesamt 27 Interviews mit Ingenieuren aus Industrie, Hochschulen und Verbänden sowie Studenten der Ingenieurwissenschaften ist: Es gibt keine allgemein akzeptierte Definition, was ein Konstrukteur ist beziehungsweise macht. Der Entwicklungs- und Konstruktionsprozess in seiner Gesamtheit besteht aus verschiedenen Stufen und Schnittstellen, die je nach Produkt und Unternehmen unterschiedlich ausgestaltet sind. Entsprechend unterschiedlich sind die Tätigkeitsfelder und Anforderungen. Das Spektrum der Konstruktionsberufe reicht vom Produktentwickler, Produktdesigner und Produktmanager über den Konstrukteur bis zum Detailkonstrukteur/Technischen Zeichner.

Hinsichtlich der akademischen Konstruktionsausbildung herrscht Uneinigkeit zum angemessenen Theorie-Praxis-Verhältnis. Dies führt auch zu Fragen nach der Struktur des Studiums. Gegenwärtig werden zuerst die Grundlagen relativ losgelöst vermittelt, dann erst folgt die Anwendung. Entsprechend hoch ist die Selektion an Studierenden im Grundlagenstudium.

Fragt man die Industrie nach geforderten Wissens- und Kompetenzbereichen, erhält man eine (erwartungsgemäß) lange Wunschliste, die sich nicht ohne eine Verlängerung der Regelstudienzeit realisieren lässt. In dieser Diskussion fällt dann oftmals die Zauberformel vom „Lernen lernen", für die aber grundsätzliche Reformen im Aufbau von Ingenieurstudiengängen und in der Lehr-/Lern- und Prüfungskultur notwendig wären.

Zunehmend findet außerdem eine Entgrenzung der Konstruktionsarbeit statt. Andere, auch nichttechnische Qualifikationen gewinnen an Bedeutung, die des Mechanischen – als traditioneller Kern des Maschinenbaus – nimmt eher ab. Wenn also in der Arbeitswelt parallel zur Entgrenzung der Berufsfelder eine Entkernung des Kompetenzprofils des Maschinenbauingenieurs stattfindet, bereitet dann das traditionelle Maschinenbaustudium noch ausreichend auf eine Konstruktionstätigkeit vor?

Experten-Workshops

In zwei Experten-Workshops wurde das Bild vom Konstrukteur, die Aus- und Weiterbildungsmöglichkeiten und Beruf sowie Berufstätigkeit unter die Lupe genommen. Die identifizierten Problemfelder und Ursachen sind vielfältig und reichen von einem unscharfen, weitläufigen Berufsbild über eine stark an Einzeldisziplinen und nicht an Berufskompetenzen orientierte Hochschulausbildung bis hin zu (wahrgenommenen) Benachteiligungen im Beruf. Für die identifizierten Problemfelder erarbeiteten die Experten dann Lösungsansätze, aus denen die Projektgruppe schließlich zehn Handlungsempfehlungen ableitete.

Die vorgeschlagenen Lösungsansätze zielen entweder darauf ab, mehr Menschen für den Beruf des Konstrukteurs zu begeistern, um auf diese Weise die Zahl der verfügbaren Konstrukteure zu erhöhen. Oder sie sind darauf ausgerichtet, angehende Konstrukteure noch besser auf den Beruf vorzubereiten. Viele Vorschläge adressieren die Hochschulen, um insbesondere die Qualität der dortigen Konstrukteurausbildung zu verbessern. Ebenso richten sich die Vorschläge jedoch an die Unternehmen. Auch sie tragen beim Entgegenwirken eines Mangels an hoch qualifizierten Konstrukteuren eine große Verantwortung.

PROJEKT

Auf Grundlage dieser Studie entstand in dem Projekt auch die acatech POSITION *„Faszination Konstruktion – Berufsbild und Tätigkeitsfeld im Wandel. Empfehlungen zur Ausbildung qualifizierter Fachkräfte in Deutschland"* (acatech 2012).

> **PROJEKTLEITUNG**

— Prof. Dr.-Ing. Dr. h. c. Albert Albers, Leiter des IPEK – Institut für Produktentwicklung, Karlsruher Institut für Technologie (KIT) / acatech
— Prof. Dr.-Ing. Berend Denkena, Leiter des IFW – Institut für Fertigungstechnik und Werkzeugmaschinen an der Leibniz Universität Hannover / acatech

> **PROJEKTGRUPPE/-TEAM**

— Friedrich Charlin, Leiter der Abteilung Fertigungsstrukturen und -abläufe am IFW – Institut für Fertigungstechnik und Werkzeugmaschinen an der Leibniz Universität Hannover
— Barbara Dengler, wissenschaftliche Mitarbeiterin am IFW – Institut für Fertigungstechnik und Werkzeugmaschinen an der Leibniz Universität Hannover
— Joachim Diener, Leiter Nachwuchssicherung RD, Daimler AG
— Philipp Hoppen, wissenschaftlicher Mitarbeiter am IPEK – Institut für Produktentwicklung, Karlsruher Institut für Technologie (KIT)
— Prof. Dr.-Ing. habil. Dr. h. c. Prof. h. c. Helmut Kipphan, Heidelberger Druckmaschinen AG / Karlsruher Institut für Technologie (KIT) / acatech
— Prof. Dr.-Ing. habil. Prof. E.h. Edwin Kreuzer, Leiter des Instituts für Mechanik und Meerestechnik, Technische Universität Hamburg-Harburg / acatech
— Leif Marxen, Leiter der Forschungsgruppe Entwicklungsmethodik und -management, IPEK – Institut für Produktentwicklung, Karlsruher Institut für Technologie (KIT)
— Prof. Dr.-Ing. Sven Matthiesen, Leiter des Fachgebiets Gerätekonstruktion, IPEK – Institut für Produktentwicklung, Karlsruher Institut für Technologie (KIT)
— Tobias Quaas, Entwicklung Pkw Rohbau, Daimler AG
— Hannes Schmalenbach, wissenschaftlicher Mitarbeiter am IPEK – Institut für Produktentwicklung, Karlsruher Institut für Technologie (KIT)
— Dr. Martin Winter, wissenschaftlicher Mitarbeiter am Institut für Hochschulforschung Wittenberg (HoF) an der Martin-Luther-Universität Halle-Wittenberg

acatech dankt allen Teilnehmern der elektronischen Befragung, den Interviewpartnern und den Teilnehmern der Experten-Workshops für das Engagement, die wertvollen Hinweise und Anregungen.

> **PROJEKTKOORDINATION**

Dr. Mandy Pastohr, acatech Geschäftsstelle

> **PROJEKTLAUFZEIT**

10/2010 bis 04/2012

> **FINANZIERUNG**

acatech dankt dem acatech Förderverein für seine Unterstützung.

1 EINLEITUNG

ALBERT ALBERS, BEREND DENKENA UND SVEN MATTHIESEN

Produkte und Prozesse im Maschinen-, Fahrzeug-, Geräte- und Anlagenbau ändern sich stetig. Neue Werkstoffe, Komponenten, Funktionsträger, Systeme und computergestützte Entwurfs- und Berechnungstechnologien bieten immer wieder neue Möglichkeiten der Produktgestaltung und -auslegung. Neue Fertigungs- und Montageprozesse mit digitaler Steuerung und Regelung, neue Fertigungsverfahren und Automatisierungsmöglichkeiten können und müssen genutzt werden. Diese Entwicklungen stellen Ingenieure vor immer wieder neue Herausforderungen und Aufgaben. Betroffen davon sind vor allem jene, die Entwickler, Treiber und Gestalter im Entstehungsprozess neuer mechanischer und mechatronischer Produkte sind: Konstrukteure.

Die Ausbildung von Konstrukteuren steht damit vor besonderen Herausforderungen: Sie muss dem Wandel an Tätigkeitsfeldern und Anforderungen mit angepassten Ausbildungskonzepten begegnen. Dabei will sie attraktiv sein für Studierende und Arbeitgeber. Denn die Absolventen von Ingenieurstudiengängen streben häufig in Bereiche wie Vertrieb, Fertigung, Montage, Betriebsorganisation, Logistik oder technische Geschäftsführung. Zu wenige Ingenieure verstehen sich als Konstrukteur und suchen eine entsprechende Position in der Industrie. Unternehmensbefragungen weisen jedoch – aktuell wie auch perspektivisch – auf einen großen Einstellungsbedarf im Bereich Konstruktion hin.[1] Bereits heute bestehen Probleme bei der Besetzung von Stellen im Bereich Entwicklung und Konstruktion – Signale für einen Fachkräfteengpass.[2]

Das acatech Projekt „Konstrukteur 2020" widmete sich den geschilderten Problemfeldern, insbesondere sollten folgende Fragen beantwortet werden:

— Welche Bildungswege führen zum Konstrukteurberuf? Welche Wege gibt es im Hochschulbereich?
— Wie ist die aktuelle Situation der Konstrukteurausbildung an den Universitäten und Fachhochschulen? Wie hoch ist der Anteil konstruktionsbezogener Inhalte in Ingenieurstudiengängen? Gibt es diesbezüglich Unterschiede zwischen Bachelor- und Master-Studiengängen oder zwischen Universitäten und Fachhochschulen?
— Welche Aufgaben hat der Konstrukteur von heute? Welche Voraussetzungen muss er hierfür mitbringen? Welche kommen zukünftig hinzu? Was muss der Konstrukteur von morgen können?
— Bereiten die Hochschulen ausreichend auf den Konstrukteurberuf vor? Wie kann die Ausbildung gegebenenfalls verbessert werden?
— Wie ist das Image des Konstrukteurberufs? Wie ist seine Stellung und Wahrnehmung im Unternehmen?

Übergeordnetes Ziel des Projekts waren Handlungsempfehlungen zur Verbesserung des Berufsimages und für eine zeitgemäße und zukunftsweisende Hochschulausbildung sowie Weiterbildung von Konstrukteuren die den Erwartungen der Industrie Rechnung trägt. Mit Blick auf dieses Ziel und die genannten Forschungsfragen wurde folgendes Vorgehen gewählt: Zunächst wurde der Status quo der Konstruktionsausbildung ermittelt. Die Daten lieferten unter anderem eine inhaltsanalytische Untersuchung von Studienordnungen, Befragungen von Fakultäten und Interviews mit den wichtigsten Stakeholdern (Studiengangverantwortliche, Studierende, Absolventen, Industrievertreter sowie Verbandsmitglieder). Dem wurden die Erwartungen der Industrie an moderne Konstrukteure gegenübergestellt. Anhand der empirischen Ergebnisse und des eigenen Fach- und Erfahrungswissens erarbeiteten Experten in zwei Workshops konkrete Problemfelder der Aus- und Weiterbildung von Konstrukteuren und des Konstrukteurberufs, deren Ursachen sowie Lösungsansätze. Diese nutzte die Projektgruppe anschließend zur Ableitung von Handlungsempfehlungen[3].

---

1 Vgl. u. a. Albers et al. 2010.
2 Vgl. BA 2011.
3 In Kapitel 7 dieser Studie werden diese Handlungsempfehlungen grob skizziert. Ausführlich sind sie in acatech 2012 nachzulesen.

Die vorliegende Studie dokumentiert die im Projekt durchgeführten Erhebungen, Analysen und Workshops sowie deren Ergebnisse folgendermaßen:

Kapitel 2: Ermittlung hochschulstatistischer Daten zur Ingenieurausbildung für den Maschinenbau

Dieses Kapitel bietet eine kurze Einführung zu möglichen Bildungswegen hin zum Konstrukteurberuf und stellt anschließend exemplarisch einen Bildungsweg im akademischen Bereich – das Maschinenbaustudium in Deutschland – anhand hochschulstatistischer Daten vor.

Kapitel 3: Elektronische Befragung an Fakultäten

Nach ersten Dokumenten- und Internetrecherchen wurde deutschlandweit eine quantitative elektronische Befragung von Hochschullehrenden der Konstruktions- beziehungsweise der Produktionstechnik an ausgewählten Universitäten und Fachhochschulen durchgeführt. Ziel war es, unter anderem den Status quo der Ausbildung von Konstrukteuren an Universitäten und Fachhochschulen zu erheben.

Kapitel 4: Analyse von Studienordnungen und Modulkatalogen

Im Rahmen einer Dokumentenanalyse wurde der Anteil konstruktionsaffiner Fächer am Maschinenbaustudium anhand von Prüfungsordnungen und Modulkatalogen von fünf Universitäten und drei Fachhochschulen untersucht.

Kapitel 5: Interviews mit Ingenieuren aus Industrie, Hochschulen und Verbänden sowie Studenten der Ingenieurwissenschaften

Um Einschätzungen und Erfahrungen zur Ausbildung und zum Beruf von Konstrukteuren zu erheben, wurden leitfadengestützte Experteninterviews geführt. Die Interviewpartner sind Ingenieure beziehungsweise werdende Ingenieure, die über ihre Ausbildung und ihre Berufstätigkeit sowie vom Berufsbild des Ingenieurs beziehungsweise des Konstrukteurs berichteten.

Kapitel 6: Workshops mit Experten

Aufbauend auf den Ergebnissen der Befragungen und Interviews und anhand eigenen Fach- und Erfahrungswissens arbeiteten Experten aus Hochschule und Wissenschaft, der Industrie und von Verbänden gemeinsam mit Studierenden und Absolventen in einem ersten Workshop konkrete Problemfelder und Ursachen heraus. In einem zweiten Workshop formulierten sie dann konkrete Vorschläge für Lösungsansätze, also für eine Verbesserung der Aus- und Weiterbildung und des Berufsimages von Konstrukteuren.

Kapitel 7: Fazit und Ausblick

Im letzten Schritt wurde ein Fazit aus den Ergebnissen des gesamten Projekts gezogen und ein Ausblick auf weiterführende und offene Fragen vorgenommen.

2 DAS MASCHINENBAUSTUDIUM – EIN MÖGLICHER BILDUNGSWEG HIN ZUM KONSTRUKTEURBERUF

BEREND DENKENA, BARBARA DENGLER UND PHILIPP HOPPEN

Die Berufsbezeichnung Konstrukteur ist in Deutschland nicht geschützt, das heißt sie kann ohne Nachweis spezieller Fachkompetenzen und ohne einen bestimmten Ausbildungsabschluss geführt werden. Entsprechend vielfältig sind die Bildungshintergründe und -wege. Im nichtakademischen Bereich kann dies beispielsweise eine duale Berufsausbildung zum Technischen Produktdesigner oder zum Technischen Systemplaner (ehemals Technischer Zeichner) sein. Beide Berufsausbildungen haben im ersten Jahr gemeinsame Inhalte, also auch gemeinsame berufliche Qualifikationen, und vertiefen anschließend in verschiedenen Fachrichtungen berufsprofilgebende Qualifikationen. Auf diesen oder ähnlichen Berufsausbildungen und Berufserfahrung kann – muss aber nicht zwangsläufig als Voraussetzung für Konstruktionstätigkeiten – eine berufliche Fortbildung aufbauen, zum Beispiel zum geprüften Konstrukteur oder zum Techniker mit Fachrichtung Maschinentechnik und Schwerpunkt Konstruktion.

Auch über ein akademisches Studium an einer Berufsakademie, Fachhochschule oder Universität kann man Konstrukteur werden. In der Regel haben akademisch qualifizierte Konstrukteure ein Maschinenbaustudium absolviert; aber auch hier sind alternative Studienabschlüsse denkbar, beispielsweise in Wirtschaftsingenieurwesen, Mechatronik oder Fahrzeugtechnik.

Zur tatsächlichen Konstruktionsausbildung im akademischen Bereich liegen keine statistischen Daten vor. Daher

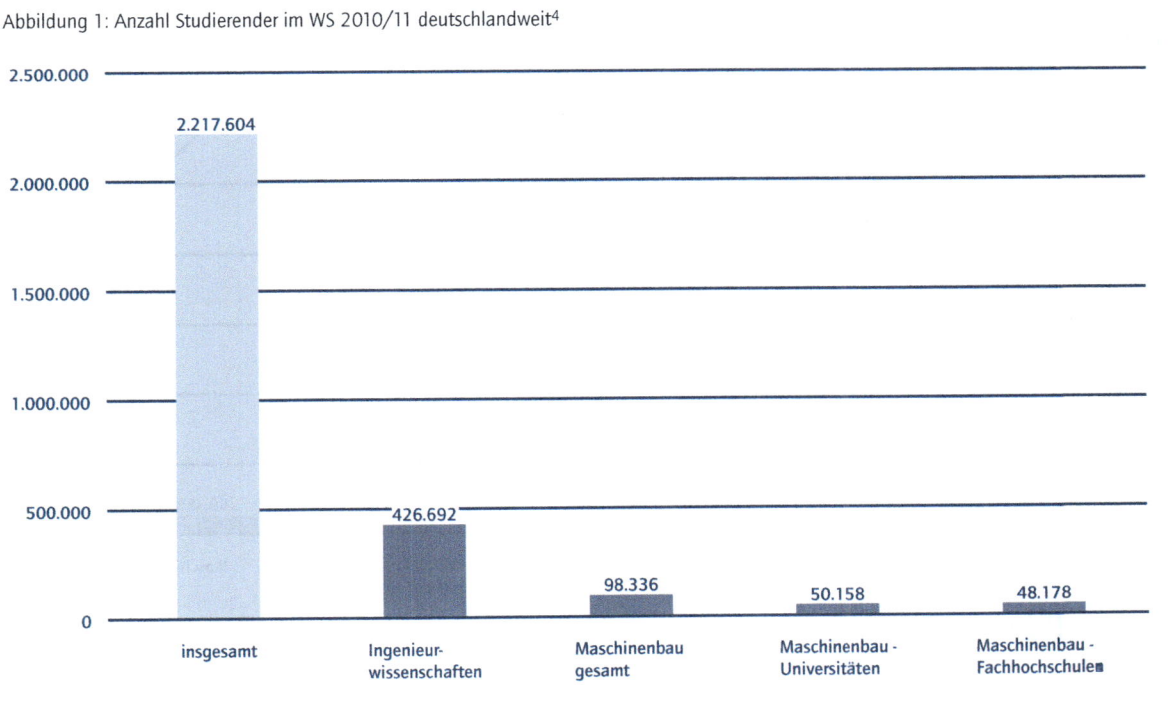

Abbildung 1: Anzahl Studierender im WS 2010/11 deutschlandweit[4]

---

4   Vgl. Statistisches Bundesamt 2011.

Faszination Konstruktion

wird im Folgenden das Maschinenbaustudium in Deutschland – exemplarisch als ein möglicher akademischer Bildungsweg hin zum Konstrukteurberuf – anhand hochschulstatistischer Daten vorgestellt.

Im Wintersemester (WS) 2010/11 waren in Deutschland über zwei Millionen Studierende eingeschrieben, davon rund 427.000 in den Ingenieurwissenschaften[5] (siehe Abb. 1). Knapp ein Viertel der angehenden Ingenieure studiert Maschinenbau. Sie verteilen sich statistisch gesehen fast gleichmäßig auf die beiden Hochschultypen Universität und Fachhochschule (siehe auch Abb. 2). In Deutschland verfügen jedoch etwa 60 Prozent aller ausgebildeten Ingenieure über einen Fachhochschulabschluss und etwa 37 Prozent über einen Universitätsabschluss.[6] Man würde daher auch im Maschinenbau ein ähnliches Studierendenverhältnis erwarten. Nach der Fächersystematik des Statistischen Bundesamtes werden allerdings beispielsweise alle Studiengänge der Verkehrstechnik (wie Schiffsbau und Fahrzeugtechnik), welche ebenfalls einen Ingenieurabschluss vorweisen, nicht dem Maschinenbau, sondern einer eigenen Kategorie zugeordnet. Gleiches gilt für die Mechatronik. Derartige Studiengänge sind aber dennoch Bestandteil der deutschlandweiten Konstrukteurausbildung und haben an

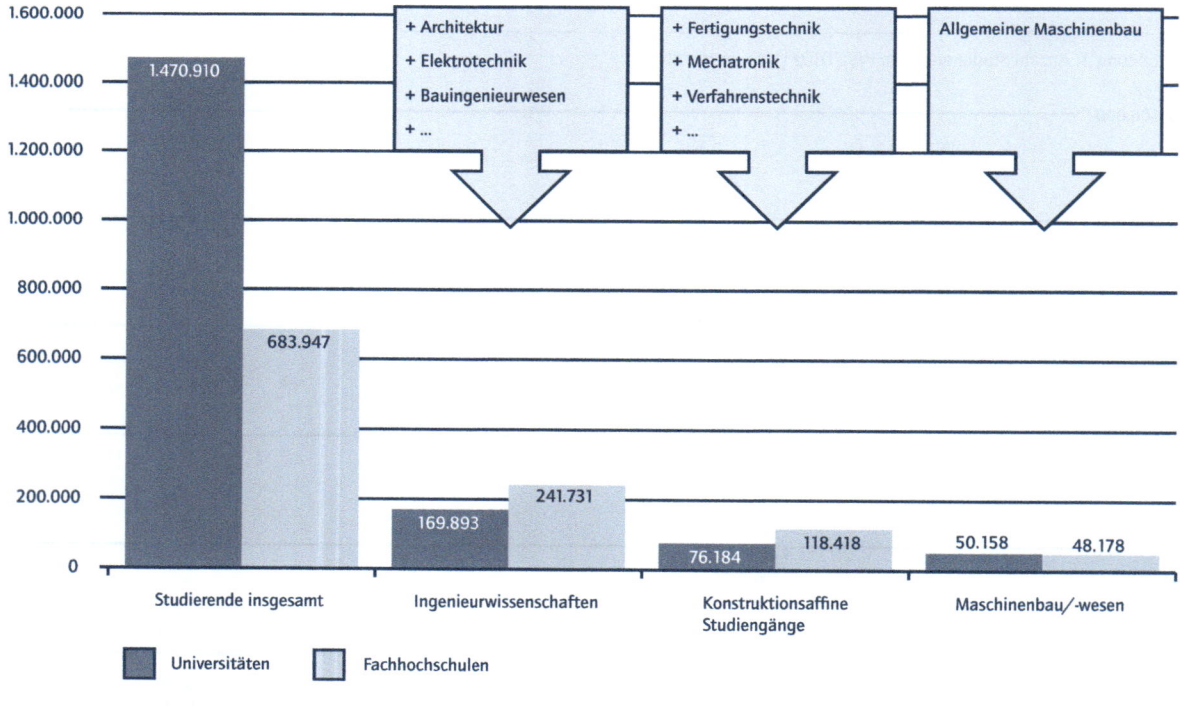

Abbildung 2: Verteilung der Studierenden auf die Hochschultypen im WS 2010/11[7]

---

[5] Die Ingenieurwissenschaften lassen sich in folgende Studiengänge unterteilen: Bergbau/Hüttenwesen, Maschinenbau/Verfahrenstechnik, Elektrotechnik, Verkehrstechnik/Nautik, Architektur/Innenarchitektur, Raumplanung, Bauingenieurwesen, Vermessungswesen und Wirtschaftsingenieurwesen (vgl. Statistisches Bundesamt 2010).
[6] Vgl. VDI/IW 2010, S. 10. Drei Prozent sind promovierte Ingenieure.
[7] Vgl. Statistisches Bundesamt 2011.

Fachhochschulen deutlich höhere Studierendenzahlen als an Universitäten. Außerdem findet die Differenzierung der Maschinenbauausbildung an Universitäten oft mitten im Studium über die Wahl von Vertiefungsrichtungen oder Ähnlichem statt, während an Fachhochschulen in der Regel von vornherein differenzierte – und damit anders zuordenbare – Studiengänge angeboten werden.

Daten für das Studentenaufkommen an den TU9[8] und anderen Hochschulen und Universitäten standen nur für das WS 2008/09 zur Verfügung. Deutschlandweit waren im WS 2008/2009 mehr als 50 Prozent der Studierenden in den Ingenieurwissenschaften an TU9-Universitäten immatrikuliert. Der Anteil an Maschinenbaustudierenden an TU9-Universitäten liegt zwischen 12 Prozent (TU Berlin) und 24 Prozent (Universität Stuttgart), wohingegen es bei den restlichen Technischen Universitäten (TU) und Technischen Hochschulen (TH) durchschnittlich nur 11 Prozent sind. Bei anderen Universitäten, die Maschinenbau anbieten, liegt der Anteil bei lediglich rund 8 Prozent (siehe Abb 3).[9]

Abbildung 3: Anzahl Studierender im WS 2008/09 im Bereich Maschinenbau/Verfahrenstechnik[10]

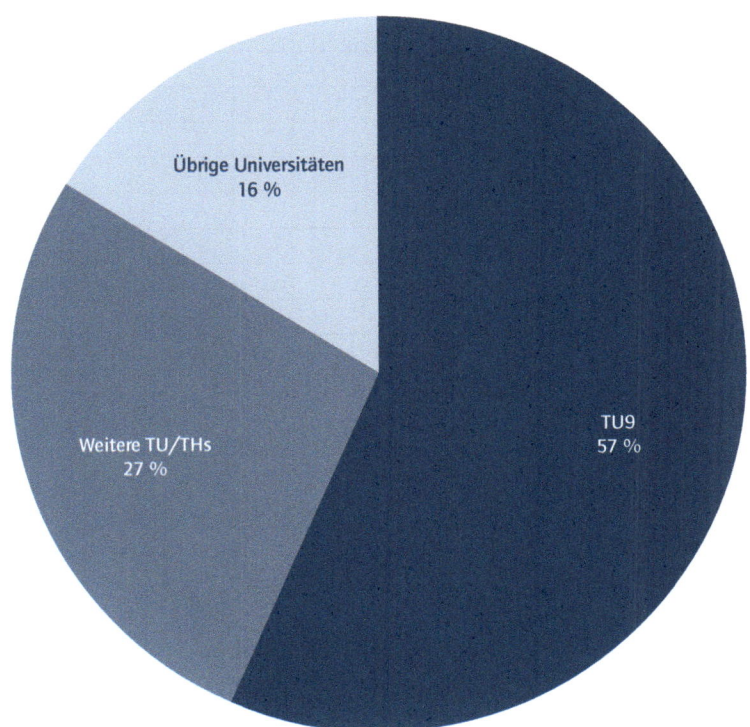

	Anzahl gesamt
TU9	35.541
Weitere TU/THs	16.931
Übrige Universitäten	9.987

---

[8] Die TU9 ist der Verband der größten deutschen technischen Universitäten, und zwar: RWTH Aachen, TU Berlin, TU Braunschweig, TU Darmstadt, TU Dresden, Leibniz Universität Hannover, Karlsruher Institut der Technologie, TU München sowie die Universität Stuttgart.
[9] Vgl. TU9 2008.
[10] Vgl. TU9 2008.

Maschinenbaustudiengänge werden in Deutschland an 109 verschiedenen Hochschulen angeboten (siehe Tabelle 1). Davon sind 29 Universitäten und 80 Fachhochschulen.[11]

Tabelle 1: Universitäten und Fachhochschulen mit Maschinenbaustudiengängen[12]

BUNDESLAND	UNIVERSITÄTEN	FACHHOCHSCHULEN	GESAMT
Baden-Württemberg	2	15	17
Bayern	3	12	15
Berlin	1	3	4
Brandenburg	1	3	4
Bremen	1	2	3
Hamburg	2	1	3
Hessen	2	5	7
Mecklenburg-Vorpommern	1	2	3
Niedersachsen	3	6	9
Nordrhein-Westfalen	7	14	21
Rheinland-Pfalz	1	4	5
Saarland	0	1	1
Sachsen	3	5	8
Sachsen-Anhalt	1	2	3
Schleswig-Holstein	0	3	3
Thüringen	1	2	3
Summe	29	80	109

[11] Vgl. IWV 2011.
[12] Vgl. IWV 2011.

3 ELEKTRONISCHE FAKULTÄTENBEFRAGUNG

BEREND DENKENA, BARBARA DENGLER UND PHILIPP HOPPEN

3.1 VORGEHEN

Nach ersten Dokumenten- und Internetrecherchen wurde eine elektronische anonyme Befragung von Professoren der Produktions- und der Konstruktionstechnik durchgeführt. Ziel war es, das Berufsbild des Konstrukteurs abzufragen und Einschätzungen zur Konstruktionsausbildung aus Sicht der Universitäten und Fachhochschulen zu erheben. Der dafür genutzte Fragebogen war dreiteilig aufgebaut. Im ersten Teil wurden Fragen zur Umstellung von Diplom- auf Bachelor- und Master-Studiengänge gestellt. Teil zwei widmete sich dem Berufsbild des Konstrukteurs. Im dritten Teil ging es konkret um die Konstruktions- beziehungsweise Konstrukteurausbildung an den Hochschulen.[13]

3.2 DATENBASIS

Der elektronische Fragebogen wurde an 121 Professoren versendet, davon 11 von Fachhochschulen. Der Rücklauf belief sich auf 46 Fragebögen, also 38 Prozent. 41 Antworten stammten von Universitäten und 5 von Fachhochschulen (siehe Tabelle 2).[14]

Tabelle 2: Übersicht über die Datenbasis

HOCHSCHULART	STICHPROBE	RÜCKLAUF
Universität	110	41
Fachhochschule	11	5
Summe	121	46 (38%)

Aufgrund der geringen Anzahl beteiligter Fachhochschulprofessoren kann mit den vorliegenden Daten keine allgemeingültige Aussage über Fachhochschulen getätigt werden. Auf einen direkten visuellen Vergleich zwischen den beiden Hochschultypen und entsprechende Aussagen wird daher weitgehend verzichtet.

3.3 ERGEBNISSE

Die Ergebnisse der Befragung werden in den nächsten Abschnitten vorgestellt.

In den Diagrammen ist jeweils die Anzahl der antwortenden Befragten gekennzeichnet sowie bei frei zu beantwortenden Fragen die Anzahl der zugeordneten Nennungen.

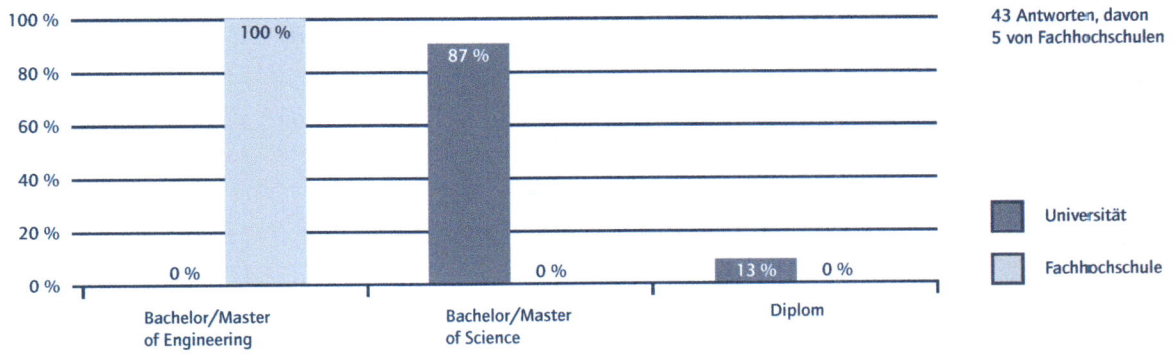

Abbildung 4: Angebotene Abschlusstypen in Maschinenbaustudiengängen an den befragten Universitäten und Fachhochschulen

---

[13] Der Fragebogen befindet sich in Anhang A.
[14] Der Fokus des Projektes lag auf der Betrachtung der universitären Ausbildung. Aus diesem Grund wurde nur ein kleiner Teil an Fachhochschulen in die Betrachtung mit aufgenommen.

3.3.1 ANGEBOTENE MASCHINENBAUSTUDIENGÄNGE

Der erste Teil der Befragung befasste sich vor allem mit der Umsetzung der Studiengangreform.

Wie Abbildung 4 zeigt, haben noch nicht alle Universitäten im Bereich Maschinenbau auf Bachelor- und Master-Studiengänge umgestellt. Die befragten Fachhochschulen haben hingegen die Umstellung abgeschlossen. Daneben gibt es Unterschiede in der Binnendifferenzierung der Abschlüsse zwischen den beiden Hochschultypen. An den befragten Universitäten wird vor allem der Abschluss Bachelor/Master of Science, an den befragten Fachhochschulen der Bachelor/Master of Engineering angeboten. Die Befragten von Universitäten im Maschinenbau betrachten den Master-Abschluss als Regelabschluss, während an den befragten Fachhochschulen tendenziell der Bachelor-Abschluss als Regelabschluss gilt (siehe Abb. 5).

In Abbildung 6 ist die Verteilung der konsekutiven Studienmodelle im Bereich Maschinenbau dargestellt. Die Universitäten haben demnach ihre Studienordnungen mehrheitlich auf sechs Semester im Bachelor- und vier Semester im Master-Studiengang und die befragten Fachhochschulen auf sieben Semester im Bachelor- und drei Semester im Master-Studiengang umgestellt.

Abbildung 5: Aktueller Regelabschluss in Maschinenbaustudiengängen an den befragten Universitäten und Fachhochschulen

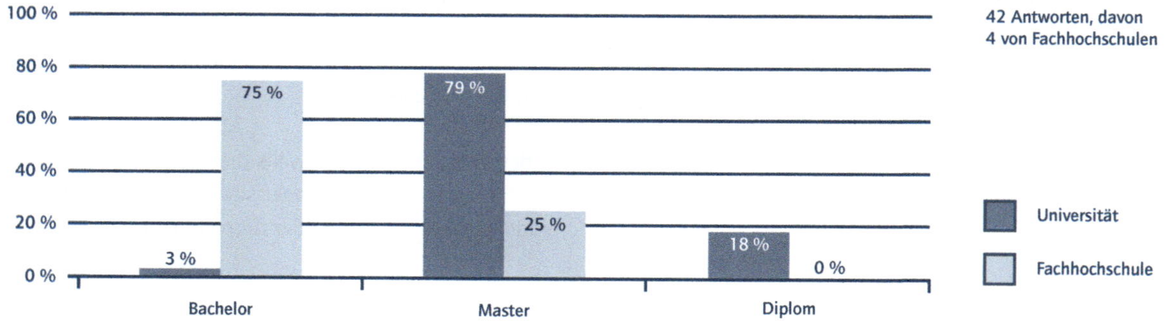

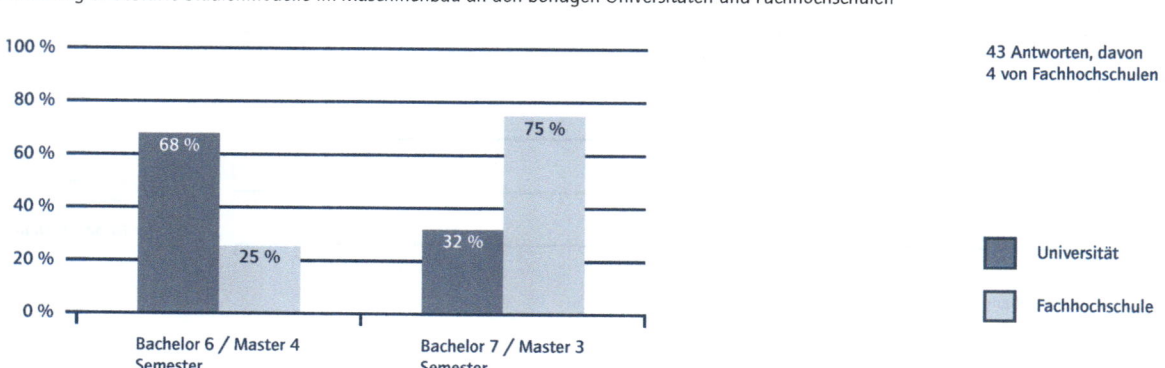

Abbildung 6: Gestufte Studienmodelle im Maschinenbau an den befragen Universitäten und Fachhochschulen

Abbildung 7: Regelstudienzeit von Diplomstudiengängen im Maschinenbau an den befragten Universitäten und Fachhochschulen

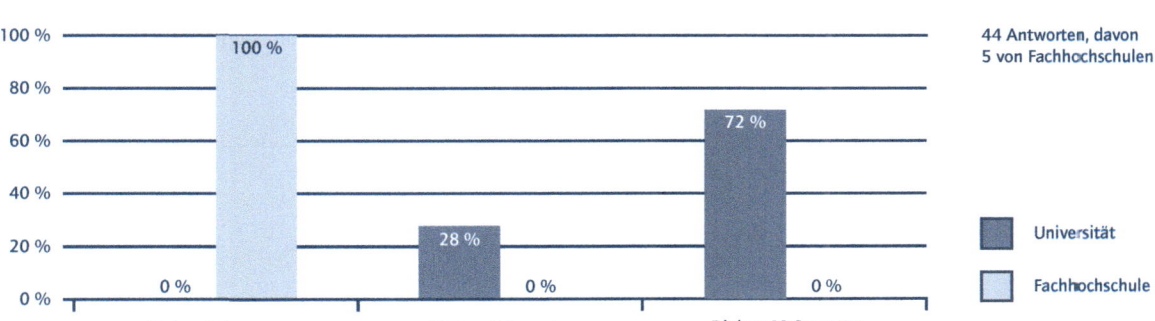

Die Regelstudienzeit der Diplomstudiengänge im Maschinenbau beträgt beziehungsweise betrug an den befragten Fachhochschulen acht Semester und an der Mehrheit der befragten Universitäten zehn, seltener neun Semester (siehe Abb. 7).

3.3.2 VERSTÄNDNIS DES KONSTRUKTEURBERUFS

Der zweite Teil der Befragung sollte Meinungen zum Berufsbild des Konstrukteurs und zu heute sowie in Zukunft notwendigen Kenntnissen und Fähigkeiten erheben.

Laut der befragten Professoren steht im Kern der Tätigkeit eines Konstrukteurs der Entwicklungsprozess beziehungsweise die Synthese, also die kreative Entstehung einer Produktidee. Nur zwei Prozent der Befragten sehen die reine Umsetzung einer Idee zu einer Zeichnung als das Aufgabengebiet eines Konstrukteurs (siehe Abb. 8). Der Konstrukteur ist demzufolge Treiber und Gestalter im Entwicklungsprozess. Diese Rolle soll sich den Befragten zufolge in Zukunft verstärken (siehe Abb. 9).

Abbildung 10 zeigt, welche Bedeutung bestimmte, in der Konstrukteurausbildung an Hochschulen zu erwerbende, Kenntnisse und Fähigkeiten nach Einschätzung der Befragten haben. Wichtig bis sehr wichtig sind demnach analytisches Denken, räumliches Vorstellungsvermögen, Kenntnisse über Maschinenelemente, Mechanik und Fertigungstechnik. Die Themen Design/Formgebung, Fluidtechnik und Hydraulik sowie Informatikkenntnisse scheinen hingegen eher weniger wichtig zu sein.

In Abbildung 11 sind zur gleichen Frage die Durchschnittswerte der befragten Gruppen von Produktionstechnikern und Konstrukteuren getrennt dargestellt. Beide Gruppen kommen zu ähnlichen Einschätzungen; ausschließlich bei der Simulation gibt es größere Abweichungen.

Die fünf wichtigsten im Hochschulstudium zu erwerbenden Voraussetzungen für den Konstrukteurberuf sind den Befragungsergebnissen zufolge (Abb. 10 und 11):

— analytisches Denken,
— räumliches Vorstellungsvermögen,
— Kenntnisse über Maschinenelemente,
— Mechanikverständnis sowie
— Kenntnisse im Bereich Fertigungstechnik.

Darüber hinaus konnten die Befragten auch selbst wichtige Fähigkeiten und Kenntnisse in Form freier Antworten angeben. Hier wurden auch „weiche" Faktoren wie

Sozialkompetenz, Sprachkenntnisse und Präsentationstechniken genannt, die in der Ausbildung von Konstrukteuren von Bedeutung sind. Bei den genannten weitergehenden Fächern handelt es sich zum Beispiel um Leichtbau, die EG-Maschinenrichtlinie, Patentwesen, Modularisierung, Bionik oder Betriebsorganisation (siehe Abb. 12).

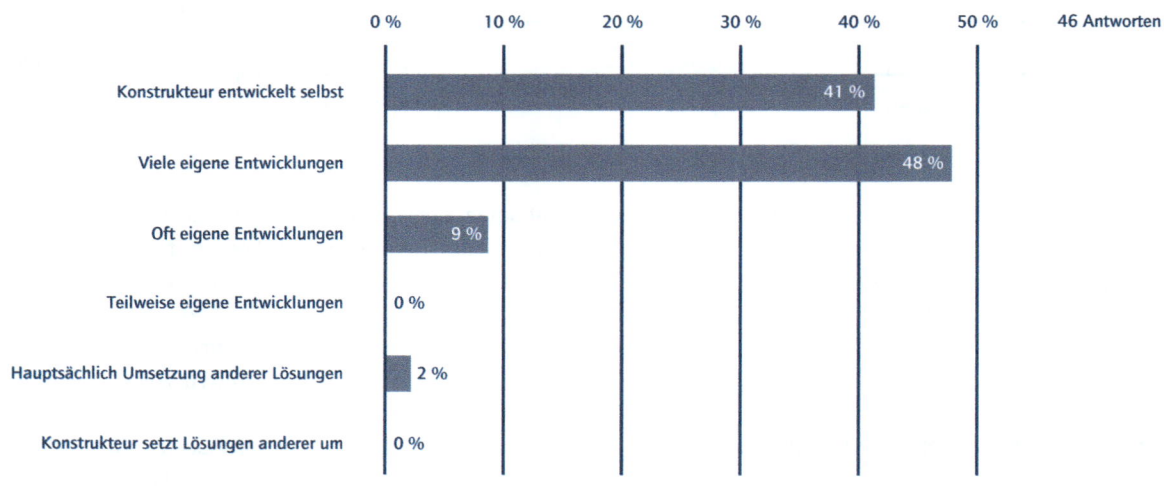

Abbildung 8: Einschätzung der befragten Professoren zur Konstrukteurtätigkeit

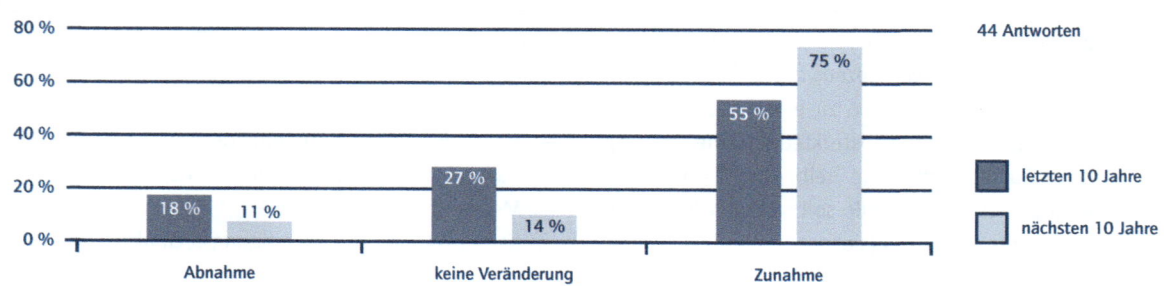

Abbildung 9: Einschätzung der befragten Professoren zur Veränderung des Umfangs von entwickelnden Tätigkeiten im Konstrukteurberuf

Abbildung 10: Einschätzung der befragten Professoren zur Bedeutung von zu erwerbenden Fähigkeiten und Kenntnissen in der Hochschulausbildung von Konstrukteuren

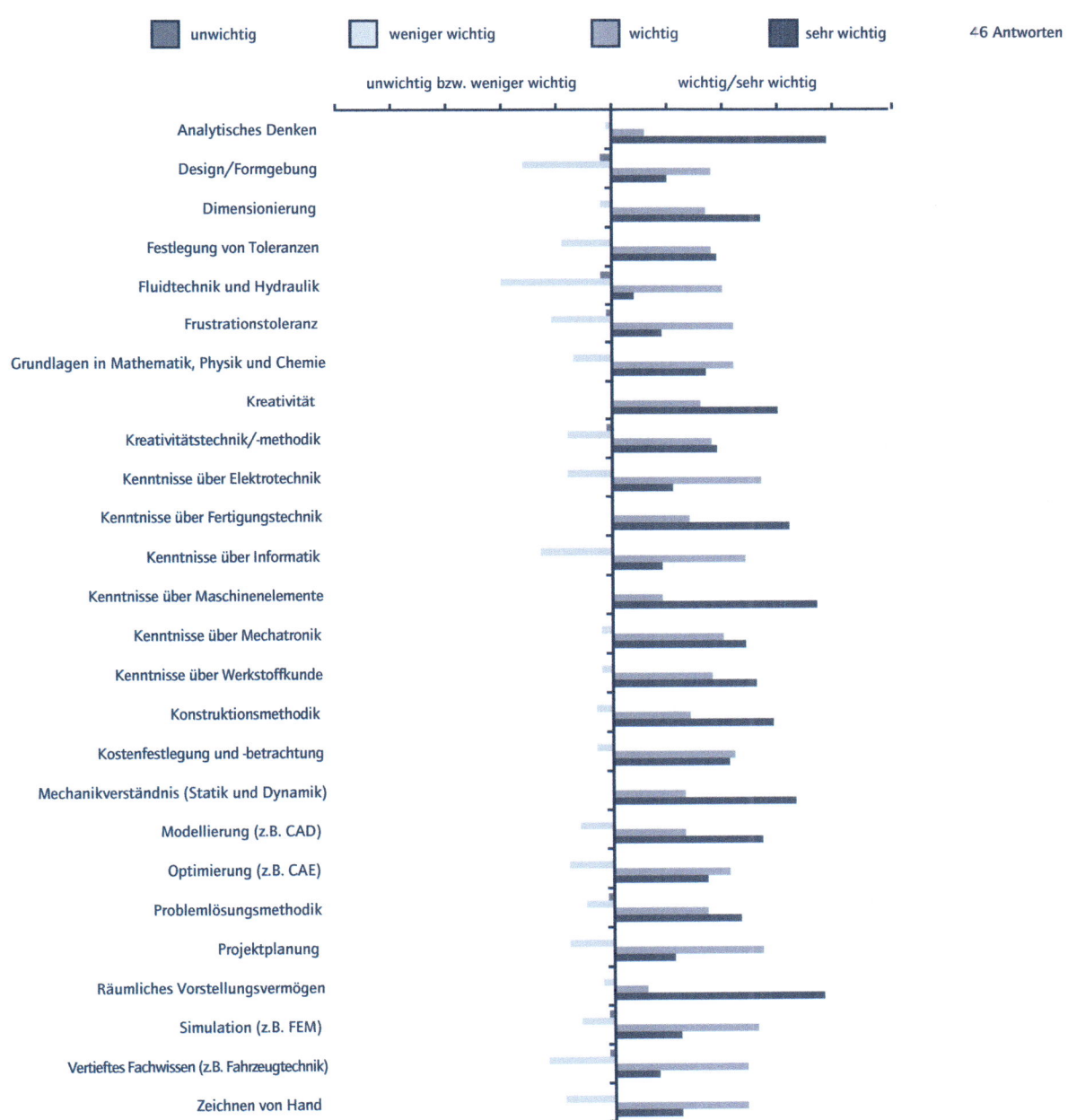

Faszination Konstruktion

Abbildung 11: Einschätzung der befragten Professoren zur Bedeutung von zu erwerbenden Fähigkeiten und Kenntnissen in der Hochschulausbildung von Konstrukteuren

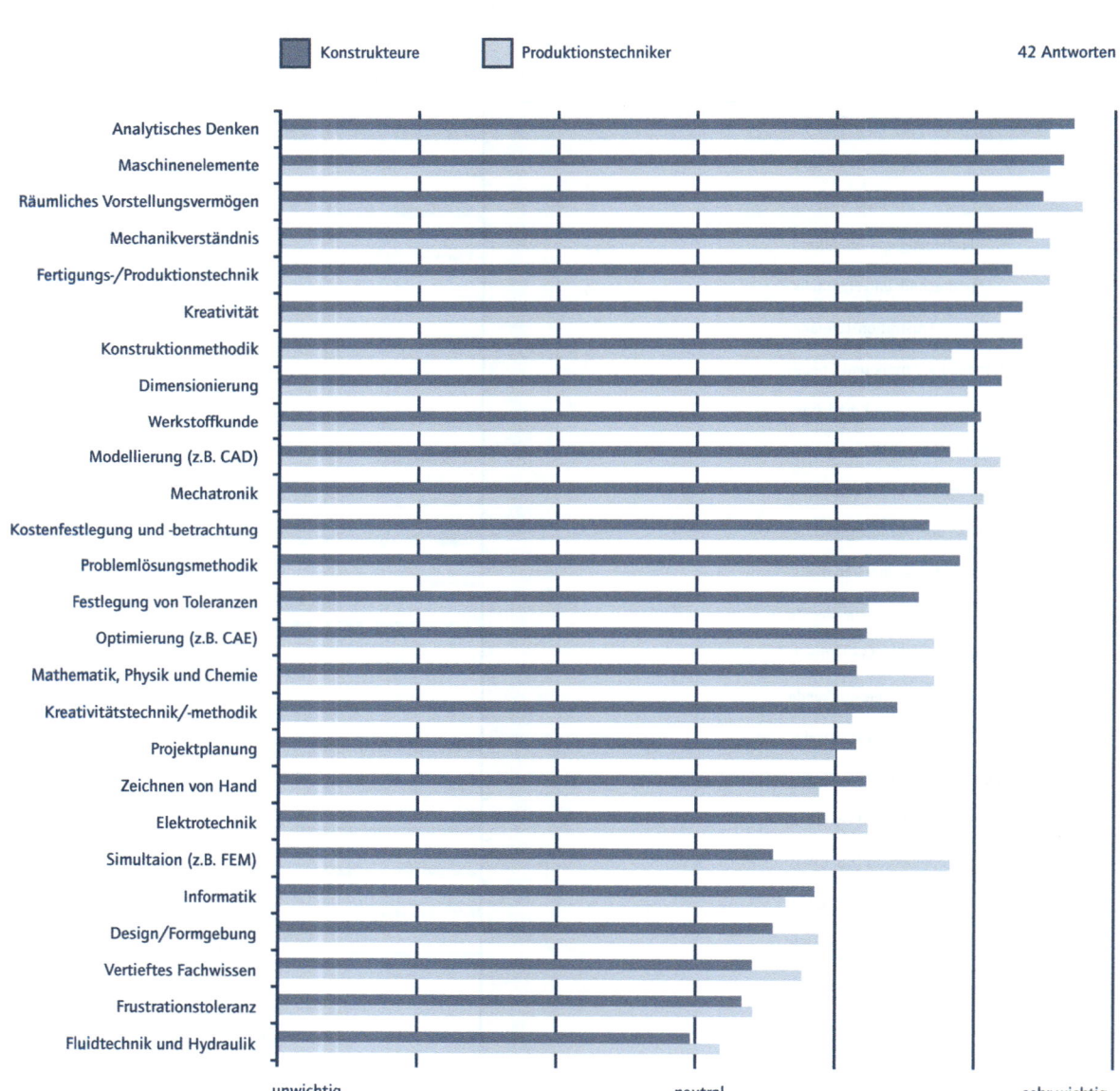

Abbildung 12: Einschätzung der befragten Professoren zur Bedeutung weiterer Fähigkeiten und Kenntnisse in der Hochschulausbildung von Konstrukteuren

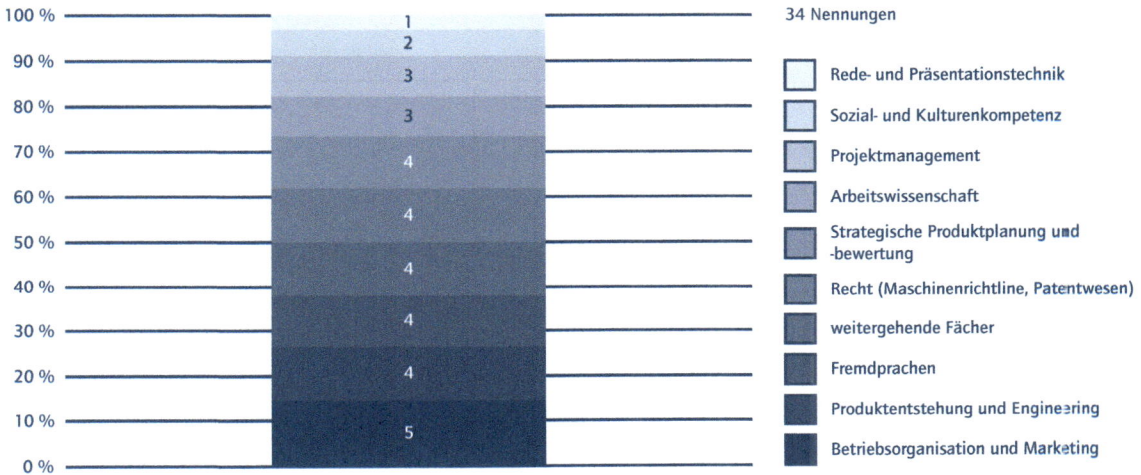

Abbildung 13 zeigt die Einschätzung zu zukünftig relevanten Kenntnissen und Fähigkeiten in der Hochschulausbildung eines Konstrukteurs. Viele der „klassischen Konstrukteurfähigkeiten" wurden hierbei als weniger wichtig eingestuft. Demnach werden Grundlagen der Mathematik, Physik und Chemie, Kenntnisse über Maschinenelemente, Mechanik, räumliches Vorstellungsvermögen sowie vertieftes Fachwissen weiterhin eine wichtige Rolle spielen. In den Vordergrund treten aber verstärkt Mechatronik, betriebswirtschaftliche und fachübergreifende Aspekte.

Wie die Produktions- und die Konstruktionsprofessoren antworten, ist in Abbildung 14 dargestellt. Beide Professorengruppen kommen wieder zu ähnlichen Einschätzungen. Lediglich zur zukünftigen Bedeutung des „Zeichnens per Hand" gehen die Meinungen weiter auseinander.

Die fünf zukünftig wichtigsten Voraussetzungen sind demnach (Abb. 13 und 14):

— Mechatronik,
— Projektplanung,
— Kostenfestlegung und -betrachtung,
— Kreativität und
— Problemlösungsmethodik.

Darüber hinaus gibt es weitere, von den Professoren frei angegebene, zukünftig wichtige Kenntnisse und Fähigkeiten, die in der Konstruktionsausbildung an Hochschulen zu vermitteln sind (siehe Abb. 15). Auch hier werden wieder „weiche" Faktoren wie Sozialkompetenz und Soft Skills[15], aber auch Grundlagen- und Vertiefungsfächer (zum Beispiel Leichtbau, Bionik) sowie Produktentstehung, Engineering und Arbeitswissenschaft genannt.

---

[15] Soft Skills oder auch Professional Skills sind Fähigkeiten wie Methodenkompetenz, Sozialkompetenz, Kreativitätspotenzial und Elaborationspotenzial, die neben den Hard Skills (zum Beispiel Fachwissen) und begleitend zu diesen vermittelt werden sollten. Siehe Albers et al. 2009.

Faszination Konstruktion

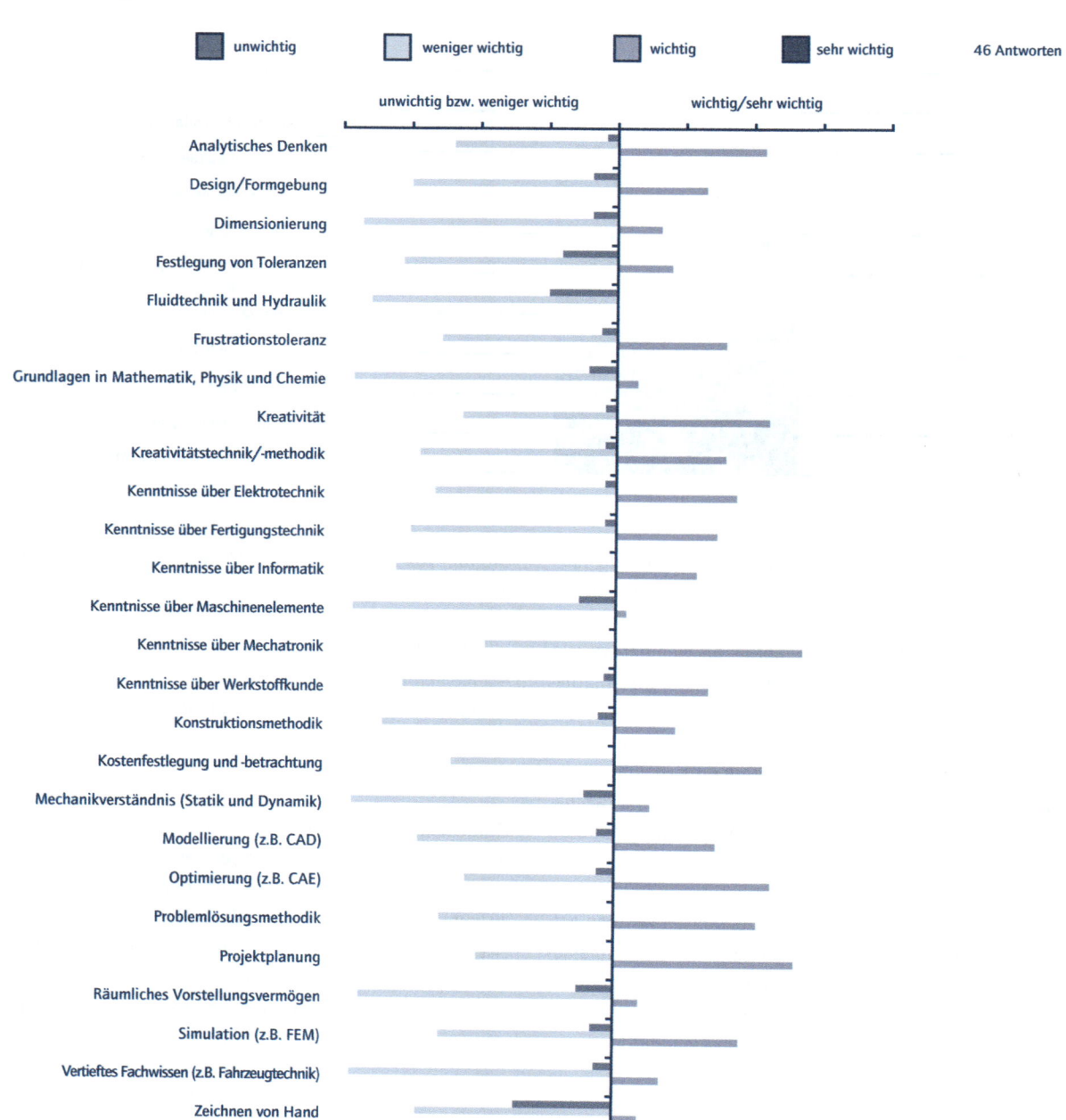

Abbildung 13: Einschätzung der befragten Professoren zur zukünftigen Bedeutung von zu erwerbenden Fähigkeiten und Kenntnissen in der Hochschulausbildung von Konstrukteuren

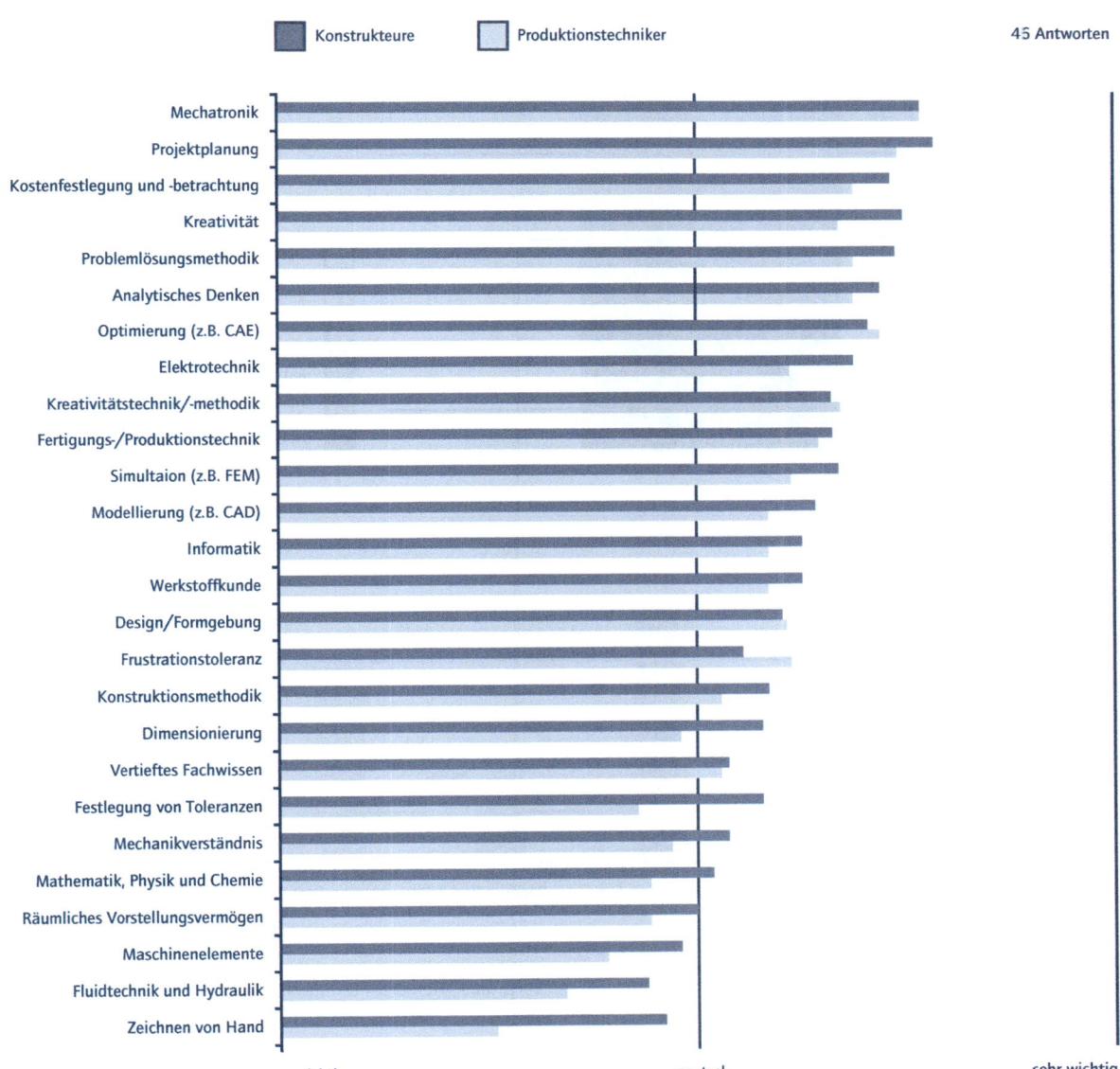

Abbildung 14: Einschätzung der befragten Professoren zur zukünftigen Bedeutung von zu erwerbenden Fähigkeiten und Kenntnissen in der Hochschulausbildung von Konstrukteuren

Abbildung 15: Einschätzung der befragten Professoren zur zukünftigen Bedeutung weiterer Fähigkeiten und Kenntnisse in der Hochschulausbildung von Konstrukteuren

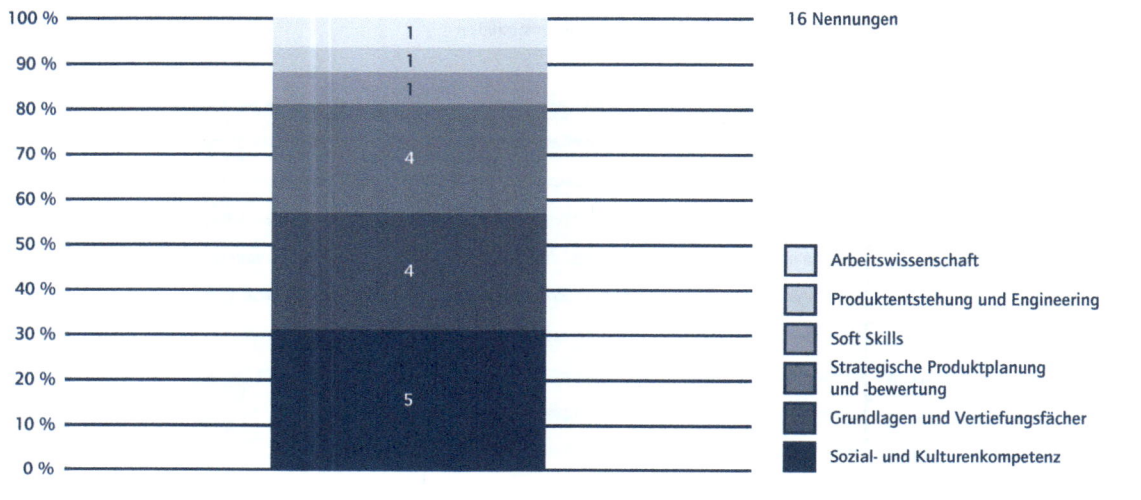

Abbildung 16: Relevante Abschlüsse für Konstrukteure laut der befragten Professoren

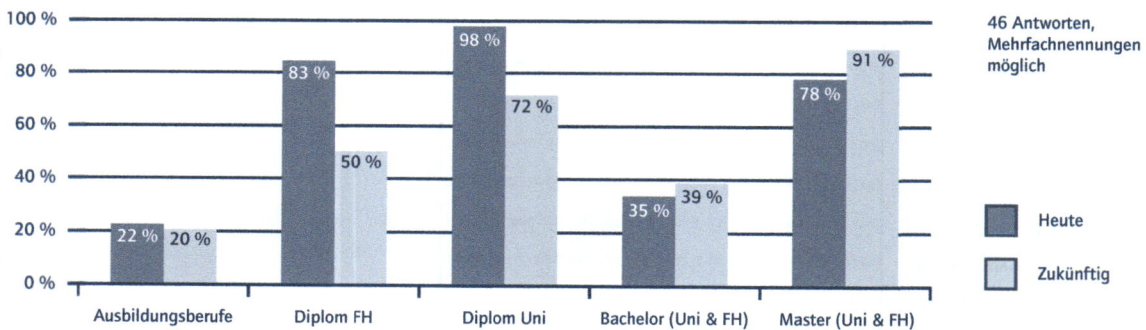

Zwischenfazit für die Abbildungen 10-15: Insgesamt bestätigen aus Sicht der Projektgruppe die Einschätzungen der Befragten das Bild, nach welchem der Konstrukteur sich weiter in Richtung Treiber des Entwicklungsprozesses entwickelt, und Mechatronik sowie methodisches Vorgehen neben den „klassischen" Konstrukteurfähigkeiten ein zentrales Thema für die Zukunft ist. Interdisziplinarität wird in dem Berufsfeld immer wichtiger. Die Befragten haben sehr unterschiedliche Ansichten zu den Kernkompetenzen eines Konstrukteurs, was aus Sicht der Projektgruppe die große Bandbreite bei der Interpretation des Berufsbildes widerspiegelt. Trotzdem sind sich zwei verschiedene

Fachrichtungen, sowohl Produktionstechnik als auch Konstruktionstechnik, über die wesentlichen Aspekte einer Konstrukteurtätigkeit beziehungsweise der heute und zukünftig notwendigen Fähigkeiten und Kenntnisse einig.

Aktuell werden der Diplom- und der Master-Abschluss als relevante Konstrukteurabschlüsse gesehen (siehe Abb. 16). In Zukunft könnte der Master an Bedeutung gewinnen. Bachelor-Abschlüsse und Ausbildungsberufe spielen dagegen anscheinend eine eher untergeordnete Rolle für den Konstrukteurberuf.

Als heute typischer Abschluss eines Konstrukteurs wird ebenfalls das Diplom eingestuft (siehe Abb. 17). Dieses Bild – so vermutet die Projektgruppe – wird sich in den nächsten Jahren in Richtung Bachelor- und Master-Abschluss verschieben.

Abbildung 17: Typischer Abschluss eines Konstrukteurs laut der befragten Professoren

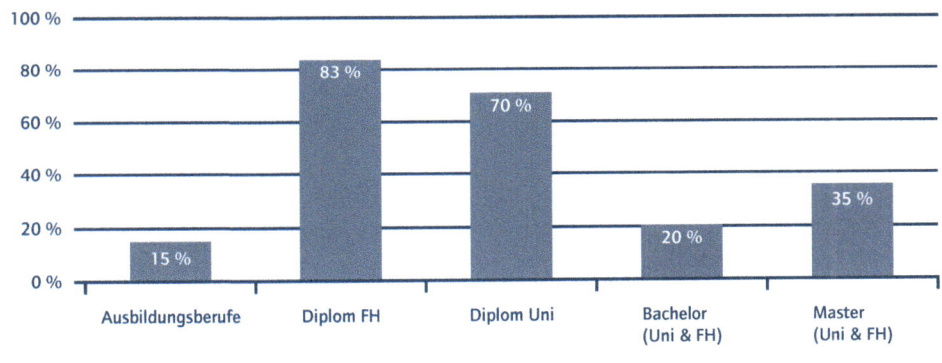

Abbildung 18: Einschätzung der befragten Professoren, ob Konstrukteure auch Führungskräfte sind

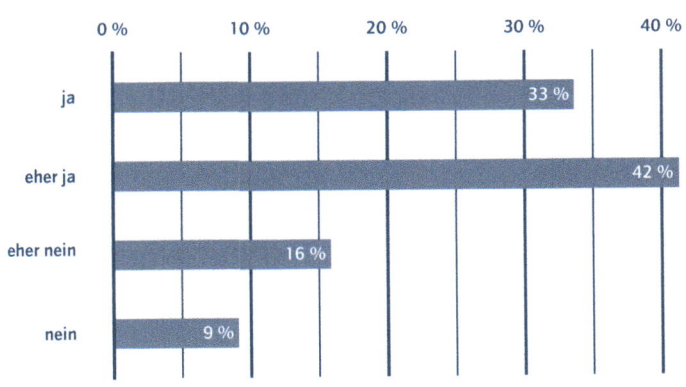

Konstrukteure werden von 75 Prozent der Befragten eindeutig oder zumindest tendenziell als Führungskräfte gesehen (siehe Abb. 18).

3.3.3 AUSBILDUNG VON KONSTRUKTEUREN AN HOCHSCHULEN

Im letzten Teil der Befragung lag der Schwerpunkt auf der Hochschulausbildung von Konstrukteuren, unter anderem auf Veränderungen durch den Bologna-Prozess[16], auf Ausbildungsinhalten und Lehrformaten.

Über die Hälfte der Befragten meint, dass die Umstellung auf Bachelor- und Master-Studiengänge keine Veränderung für die Maschinenbauausbildung nach sich gezogen hat. Ein Drittel der Befragten sieht hingegen Wandlungen hin zum Negativen. Lediglich eine Minderheit der Befragten erkennt positive Entwicklungen (siehe Abb. 19). Die Gründe für eine Verschlechterung sind anscheinend vielschichtig. Vor allem die Kürzung relevanter Fächer, die starke Verschulung und das unübersichtliche Fächerangebot werden hier genannt (siehe Abb. 20).

Als wichtigste konstruktionsrelevante Fächer im Maschinenbaustudium werden die (Maschinen-)Konstruktionslehre und Maschinen-/Konstruktionselemente genannt (siehe Abb. 21). Unter „Sonstige" fallen zum Beispiel Fächer wie Werkzeugmaschinen, Thermodynamik, CAx-Methoden, Informatik, Leichtbau oder Elektrotechnik.

Insgesamt schätzen knapp die Hälfte der Befragten den Anteil an konstruktionsrelevanten Fächern im Studiengang Maschinenbau auf 25 bis 50 Prozent (siehe Abb. 22).

Etwa die Hälfte der Befragten schätzt den Anteil der Studierenden, welche die Vertiefungsrichtung Konstruktion wählen, auf 10 bis 25 Prozent und ein weiteres Drittel der Befragten auf 25 bis 50 Prozent (siehe Abb. 23).

Gefragt nach besonderen, also von den üblichen Methoden abweichenden Lehrkonzepten, die an der eigenen

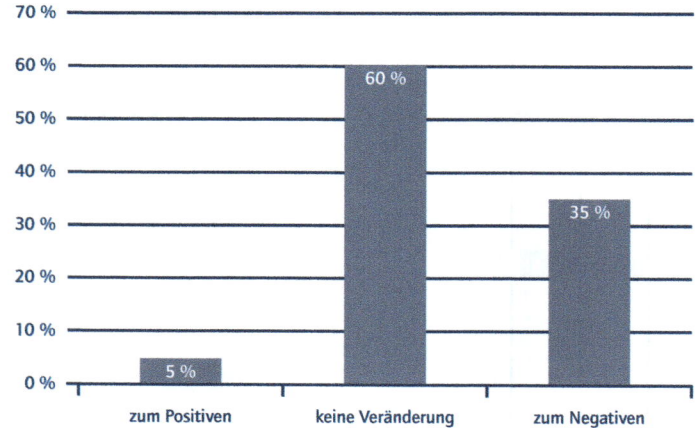

Abbildung 19: Von den befragten Professoren wahrgenommene, durch den Bologna-Prozess angestoßene Veränderungen für die Maschinenbauausbildung

[16] Der Begriff Bologna-Prozess bezeichnet ein politisches Vorhaben zur Schaffung eines einheitlichen europäischen Hochschulraums bis zum Jahr 2010.

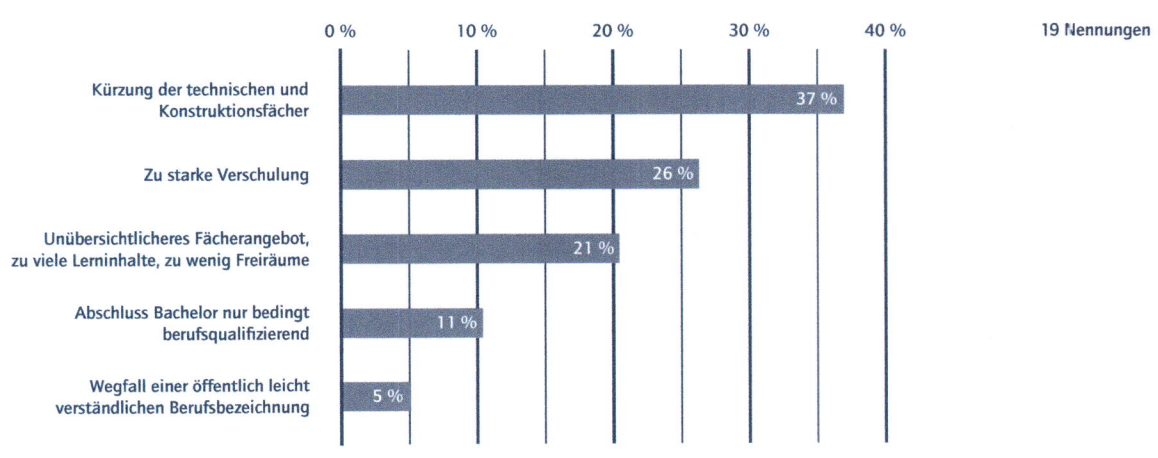

Abbildung 20: Von den befragten Professoren genannte Gründe für negative Veränderungen durch den Bologna-Prozess

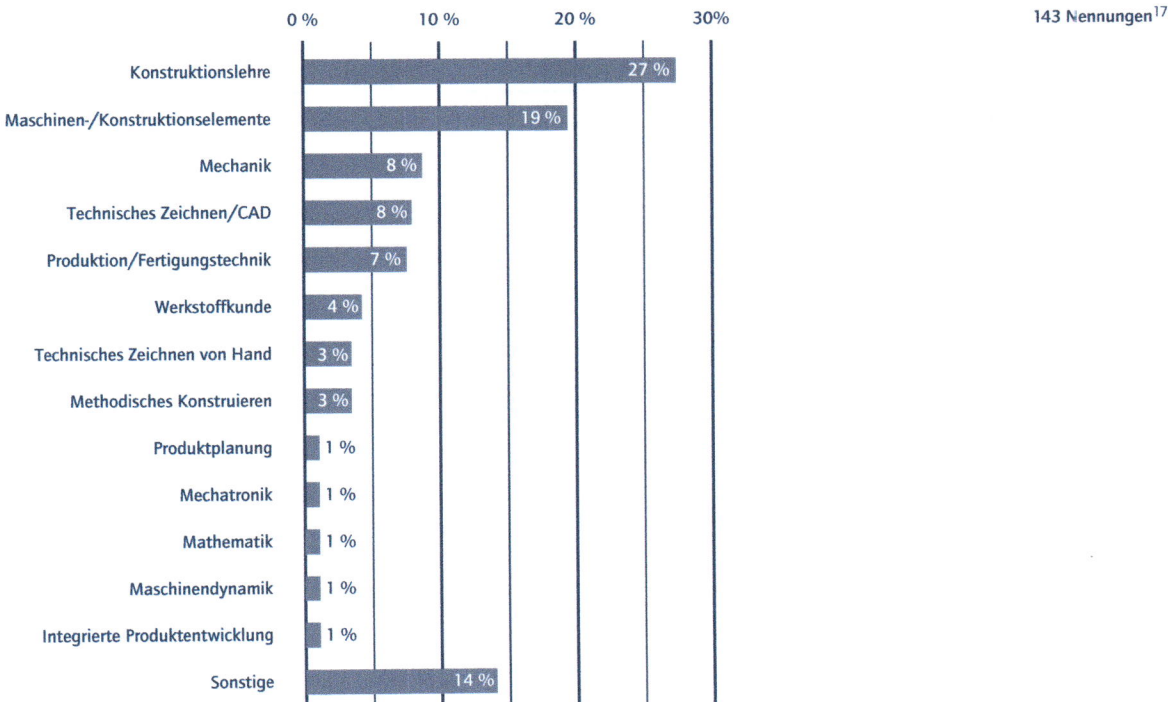

Abbildung 21: Von den befragten Professoren genannte wichtigste konstruktionsrelevante Fächer an der eigenen Hochschule

[17] Abweichungen durch Rundungen.

Abbildung 22: Von den befragten Professoren geschätzter Anteil konstruktionsrelevanter Fächer im Studiengang Maschinenbau an der eigenen Hochschule

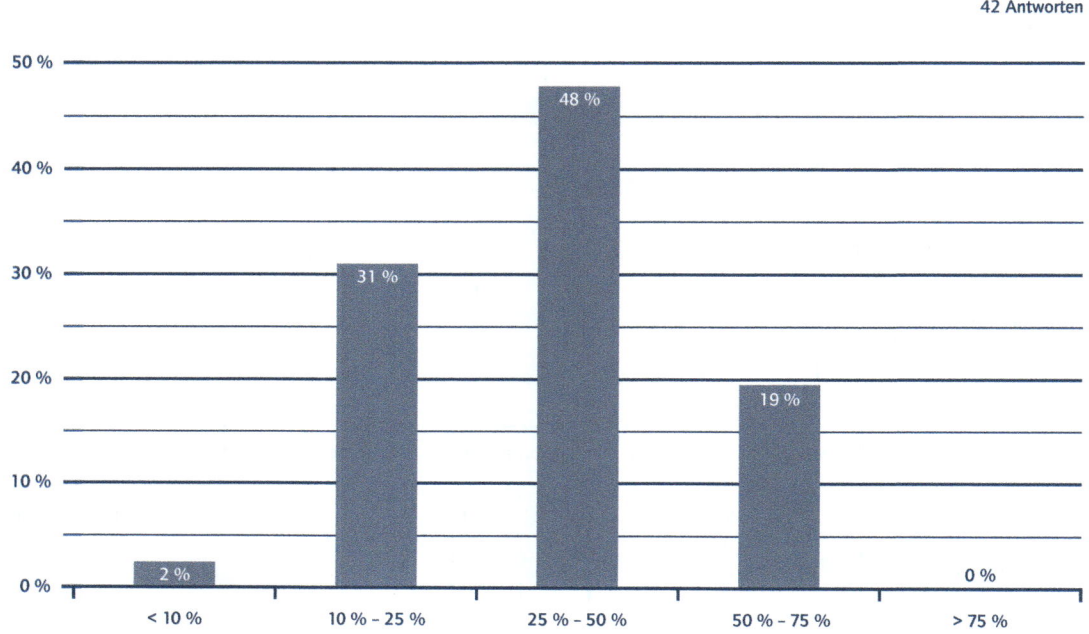

Hochschule in der Konstruktionslehre angewandt werden, nennen die Professoren unter anderem Projektarbeit (27 Prozent), Projektarbeiten mit und in Unternehmen (22 Prozent) sowie Workshops und Übungen (14 Prozent) (Abb. 24). Der Schwerpunkt liegt dabei anscheinend auf dem Lehren und Lernen mittels praktischer Tätigkeiten.

Wie Abbildung 25 zeigt, bilden Vorlesungen gegenwärtig den größten Anteil der Konstruktionslehre. Danach folgen praktische Tätigkeiten und Teamarbeit durch Konstruktionsprojekte und Praktika in der Industrie. Workshops stellen den kleinsten Anteil der vier vorgegebenen Lehrformen dar.

Vorlesungen und Praktika werden scheinbar auch weiterhin eine große Rolle spielen (siehe Abb. 26). Die Bedeutung von Workshops und Konstruktionsprojekten könnte jedoch zunehmen.

78 Prozent der Befragten halten Konstruktionsprojekte für die beste Maßnahme, um die notwendigen Fähigkeiten und Kenntnisse für den Konstrukteurberuf zu erlangen (siehe Abb. 27). Seltener werden Praktika und Workshops als Möglichkeiten genannt. Vorlesungen wurden an dieser Stelle nicht genannt, was sich aus einigen der freien Nennungen erklären lässt, die von den Befragten formuliert wurden:

Abbildung 23: Von den befragten Professoren geschätzter Anteil Studierender in der Fachrichtung Konstruktion an der eigenen Hochschule

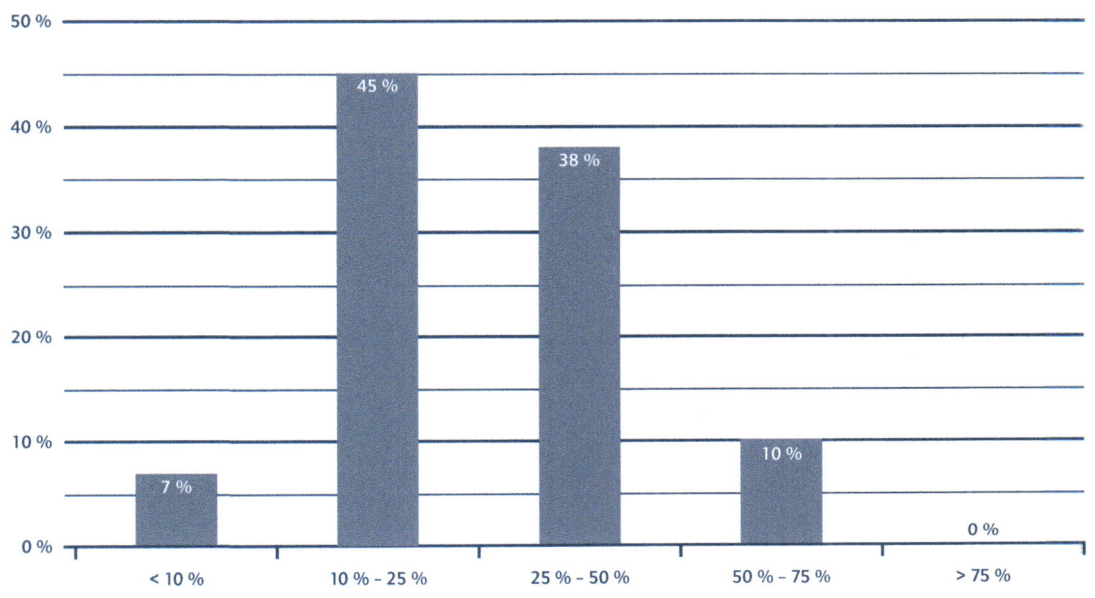

Abbildung 24: Von den befragten Professoren genannte besondere Lehrkonzepte in der Konstruktionslehre an der eigenen Hochschule

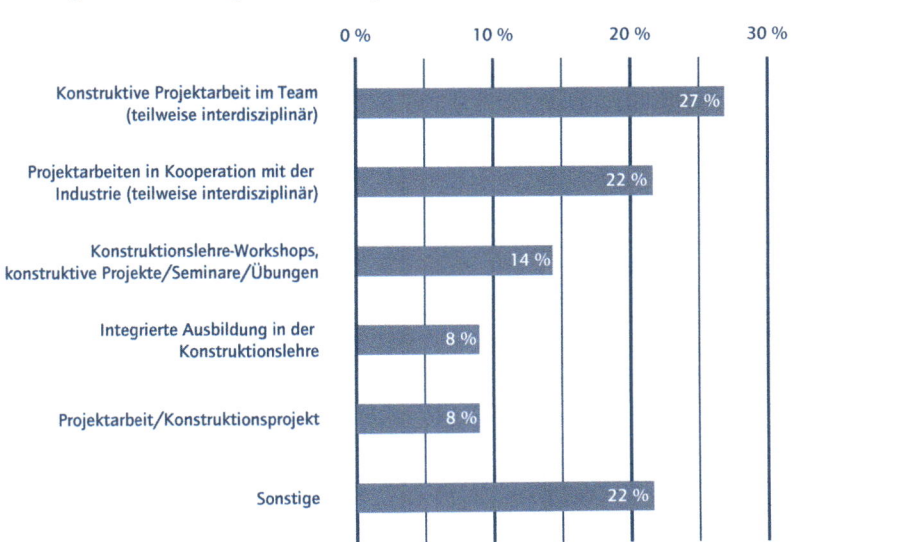

[18] Abweichungen durch Rundungen.

Faszination Konstruktion

Abbildung 25: Von den befragten Professoren geschätzte Verteilung der Lehrformen in der Konstruktionslehre an der eigenen Hochschule

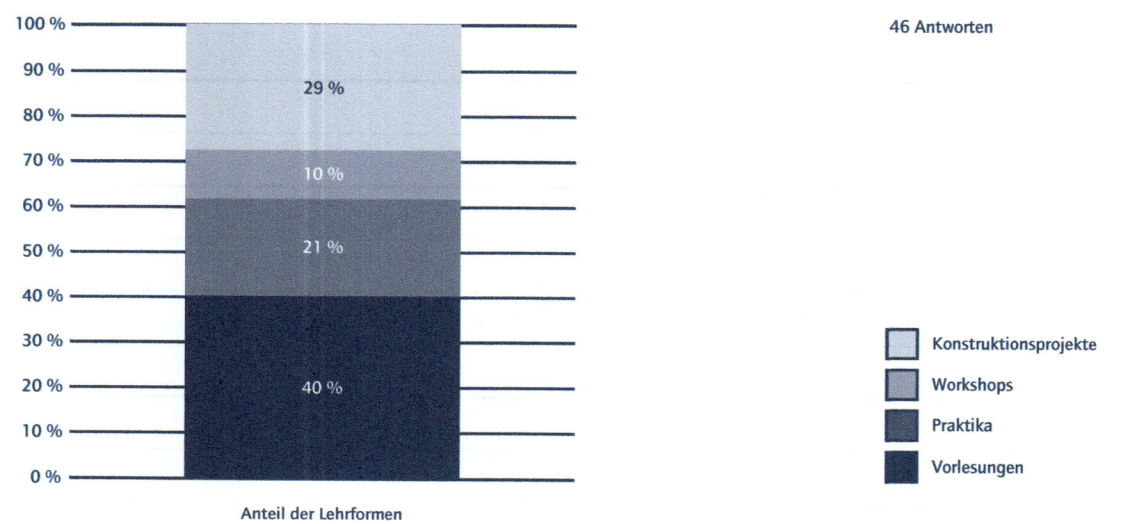

Abbildung 26: Von den befragten Professoren geschätzter zukünftiger Anteil der Lehrformen in der Konstruktionslehre

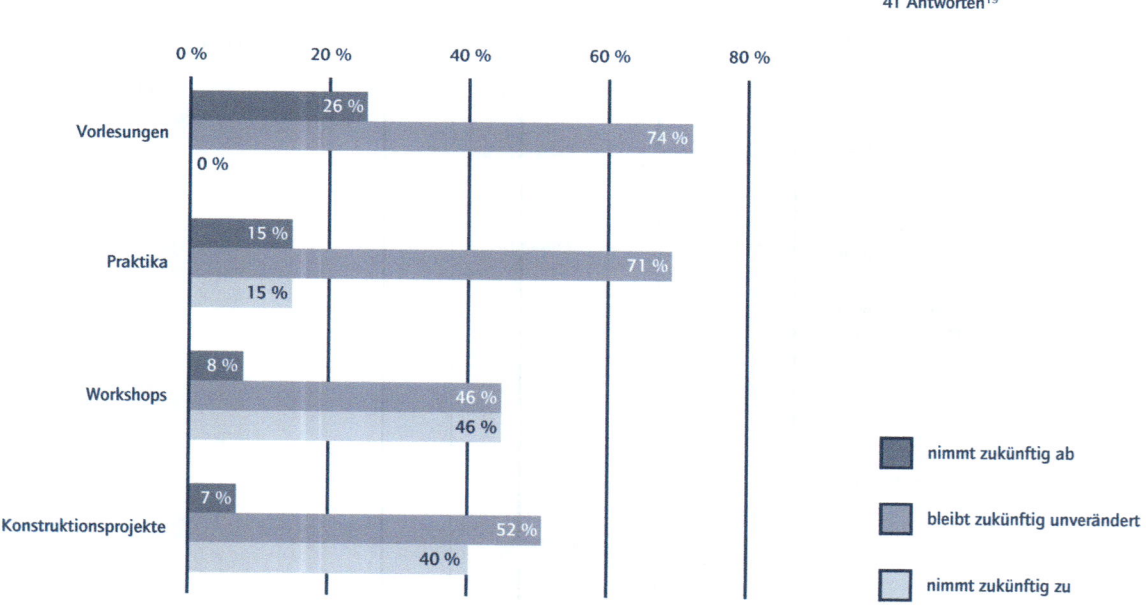

[19] Abweichungen durch Rundungen.

Abbildung 27: Einschätzung der Professoren, wie man Konstruktionsfähigkeit am besten erlernt

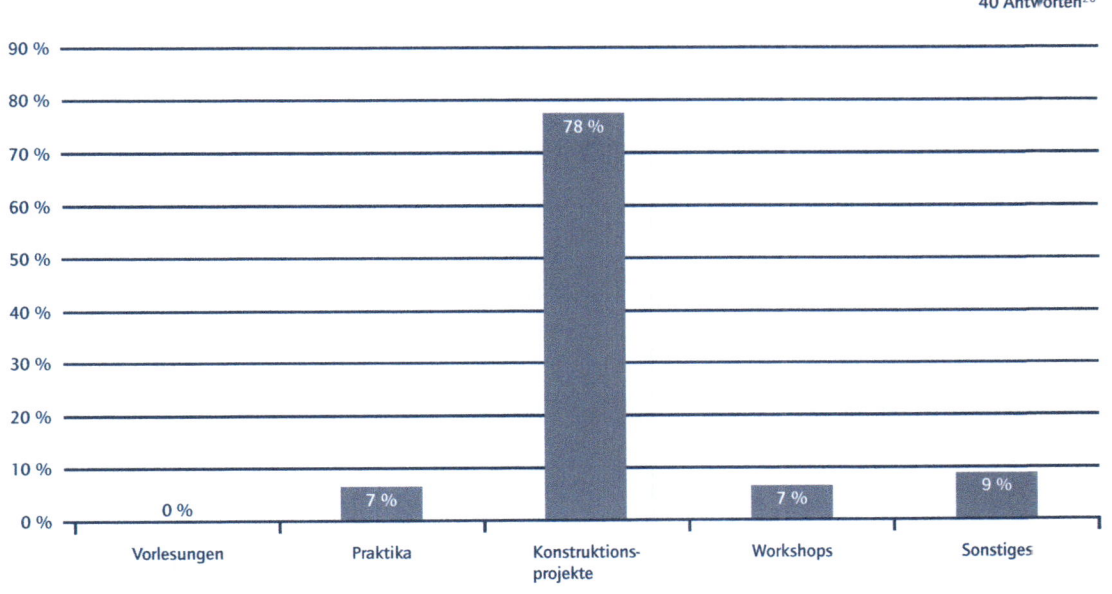

„Erst durch die Anwendung wird das Erlernte vertieft und bleibt langfristig erhalten."

„Über Konstruktionsprojekte lassen sich Vorlesungsinhalte aus den verschiedensten Gebieten anwendungsorientiert am besten vermitteln."

„Ein guter Mix ist wichtig, Projekte sind gut, aber ohne theoretische Kenntnisse, die vorher in Vorlesungen vermittelt werden, Unsinn."

„Learning by doing."

„Die Anwendung des Gelernten ist extrem wichtig, insbesondere in Form realer Projekte."

36 von 37 Befragten erwarten einen Konstrukteurmangel. Wie Abbildung 28 zeigt, werden hierfür weniger demografische Ursachen als vielmehr eine geringe Attraktivität der Ausbildung beziehungsweise des Berufs ausgemacht, die sich auf das Berufswahlverhalten auswirkt. Hierbei werden zum Beispiel die mangelnde Akzeptanz technischer Berufe in der Gesellschaft, der Anspruch der Ausbildung und die Anerkennung und Entlohnung in Unternehmen genannt.

3.4 ZUSAMMENFASSUNG

Ein Ziel der vorgestellten Befragung war, die aktuelle Situation der Konstruktionsausbildung zu beleuchten, das Berufsbild Konstrukteur und notwendige Voraussetzungen zu klären. Die hohe und intensive Beteiligung an der Befragung spiegelt ein großes Interesse an der Thematik wider. Die Antworten zeigen außerdem, dass die Einschätzungen von Produktionstechnikern und Konstrukteuren

[20] Abweichungen durch Rundungen.

Faszination Konstruktion

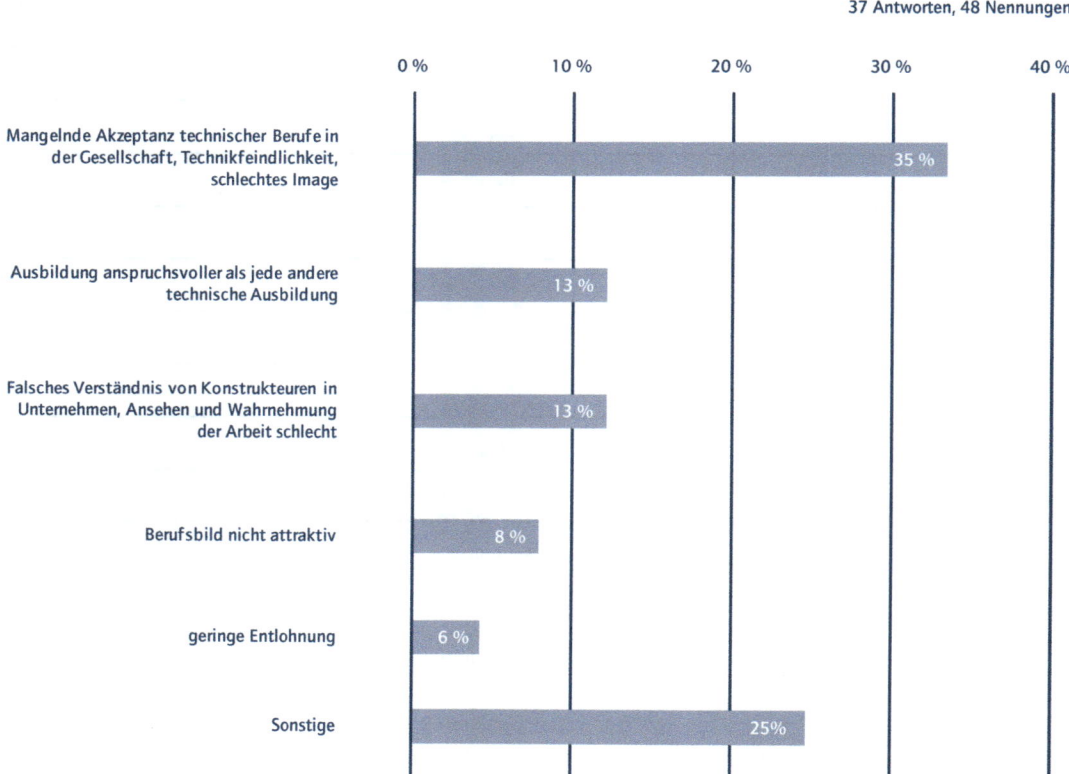

Abbildung 28: Von den befragten Professoren genannte Gründe für den prognostizierten Konstrukteurmangel

37 Antworten, 48 Nennungen

- Mangelnde Akzeptanz technischer Berufe in der Gesellschaft, Technikfeindlichkeit, schlechtes Image — 35 %
- Ausbildung anspruchsvoller als jede andere technische Ausbildung — 13 %
- Falsches Verständnis von Konstrukteuren in Unternehmen, Ansehen und Wahrnehmung der Arbeit schlecht — 13 %
- Berufsbild nicht attraktiv — 8 %
- geringe Entlohnung — 6 %
- Sonstige — 25 %

zum Stand der Konstrukteurausbildung und des Berufsbilds sehr ähnlich sind.

Der Konstrukteur wird als Treiber und Gestalter im Entwicklungsprozess gesehen. Dafür braucht er analytisches Denken, räumliches Vorstellungsvermögen, Kenntnisse der Maschinenelemente, Mechanik und Fertigungstechnik. Der Konstrukteur von morgen wird aber weit mehr als „klassische" Konstrukteurkenntnisse benötigen. Für ihn werden Projektmanagement, Kostenrechnung, Kreativität und Problemlösungsfähigkeiten eine zentrale Rolle spielen. Die Einschätzungen der befragten Professoren zu aktuellen und zukünftig wichtigen Voraussetzungen von Konstrukteuren gehen jedoch zum Teil weit auseinander. Offensichtlich sind das Berufsbild und das Anforderungsprofil von Konstrukteuren nicht klar umrissen.

In der Ausbildung von Konstrukteuren sind Vorlesungen das dominante Lehrformat. Daran wird sich nach Meinung der befragten Professoren zukünftig nicht viel ändern. Dennoch hält die überwiegende Mehrheit Konstruktionsprojekte für das geeignetste Lehrformat für die Vermittlung von Konstruktionsfähigkeiten.

4 ANALYSE VON STUDIENORDNUNGEN
BEREND DENKENA, BARBARA DENGLER UND PHILIPP HOPPEN

4.1 VORGEHEN

4.1.1 BESTIMMUNG KONSTRUKTIONSAFFINER FÄCHER

Rund die Hälfte der befragten Professoren der Konstruktions- beziehungsweise Produktionstechnik schätzt den Anteil konstruktionsbezogener Inhalte am Maschinenbaustudium auf 25 bis 50 Prozent, ein Drittel auf 10 bis 25 Prozent und jeder Fünfte sogar auf 50 bis 75 Prozent (siehe Abb. 22 im Abschnitt 3.3.3. im vorherigen Kapitel). Die Gründe für die erhebliche Varianz der Antworten sind unklar. Denkbar ist, dass sich diese Anteile an den Hochschultypen, Hochschulen und in den einzelnen Studiengängen tatsächlich deutlich unterscheiden. Es ist aber ebenso möglich, dass unterschiedliche Auffassungen vorliegen, welche Inhalte konstruktionsbezogen sind und welche nicht. Es fehlen jedoch sowohl Untersuchungsergebnisse, die zum Vergleich herangezogen werden könnten, als auch objektive hochschulstatistische Daten. Daher sollte eine eigene Studienordnungsanalyse Auskunft über den tatsächlichen Anteil konstruktionsaffiner, also mit Konstruktion verwandter, Inhalte am Maschinenbaustudium und über eventuelle Unterschiede zwischen den Hochschultypen beziehungsweise einzelnen Hochschulen geben, um eine Einschätzung des konstruktionsaffinen Anteils an der Hochschulausbildung bei der Ableitung von Handlungsempfehlungen berücksichtigen zu können.

Die Studienordnungsanalyse sollte unter quantitativen Gesichtspunkten den Anteil von Konstruktionsinhalten beziehungsweise konstruktionsaffinen Inhalten in der aktuellen Maschinenbauausbildung ermitteln. Dafür war jedoch zunächst festzulegen, welche Fächer als konstruktionsaffin beziehungsweise -relevant gelten. Pahl/Beitz/Feldhusen/Grote[21] haben beispielsweise eine solche Einteilung vorgenommen. Allerdings wurden von ihnen fast alle Fächer des Studiengangs Maschinenbau als konstruktionsaffin eingeschätzt. Das ist insofern stimmig, als dass Grundlagen wie Physik, Technische Mechanik, Strömungslehre, Thermodynamik, Werkstoffkunde und Produktionstechnik für eine Tätigkeit von Konstrukteuren beziehungsweise für ein grundsätzliches technisches Verständnis wichtig sind. Eine klare Abgrenzung zu anderen Vertiefungsrichtungen und Berufsbildern ist damit jedoch nicht möglich.

Um dennoch eine Abgrenzung vorzunehmen, wurde eine eigene Fächereinteilung entwickelt, die eine Analyse von Konstruktionsinhalten in Studienordnungen zulässt. Dabei erfolgte eine Kategorisierung nach dem Grad ihrer Affinität beziehungsweise Relevanz für die Konstruktionsausbildung. Drei Arten von Fächern im Maschinenbau wurden bestimmt:

— Fächer, die weder konstruktionsaffin noch -relevant sind (zum Beispiel Englisch, Chemie, Rechtsgrundlagen)[22],
— konstruktionsrelevante Fächer (zum Beispiel Technische Mechanik, Werkstoffkunde),
— konstruktionsaffine Fächer (zum Beispiel Konstruktionslehre, Maschinenelemente, CAD, Werkzeugmaschinen, Leichtbau).

Zu den konstruktions*relevanten* Fächern gehören jene der Grundlagenausbildung, die jeder Maschinenbau-Studierende absolvieren muss. Konstruktions*affine* Fächer sind hingegen solche, die den Konstrukteur für den Kern seiner Tätigkeit – die Synthese – ausbilden.

Neben dieser fachlichen Aufteilung wurde eine Kategorisierung der konstruktionsrelevanten und -affinen Fächer nach „Allgemeinem Ingenieurwissen", „Grundwissen", „Fachwissen" und „Berufserfahrung" vorgenommen. Die Kategorien werden zur Verdeutlichung in einer Pyramide dargestellt (siehe Abb. 29). Die Basis bildet das allgemeine Ingenieurwissen, welches in jeder Fachrichtung des Ingenieurwesens als grundlegend vorausgesetzt wird und somit zu jeder Maschinenbauausbildung gehört (zum Beispiel Mathematik, Technische Mechanik, Werkstoffkunde). In der Studienordnungsanalyse

---

[21] Vgl. Pahl et al. 2007.
[22] Technikfremde Fächer werden an dieser Stelle nicht weiter betrachtet.

werden diese Fächer ausgeschlossen, da diese für eine gezielte Konstruktionsausbildung weniger relevant sind.

Die erste Ebene beinhaltet das vertiefungsspezifische Grundwissen, welches jeder Konstrukteur braucht, was jedoch auch zu einer Maschinenbaugrundausbildung gehört (zum Beispiel Konstruktionslehre, Maschinenelemente, CAD). Obwohl alle Maschinenbaustudenten diese Fächer belegen müssen, bilden sie den Kern der Konstrukteurausbildung und sind deshalb eindeutig konstruktionsaffin.

Die zweite Ebene bildet das spezielle Fachwissen, welches im Studium durch Vertiefungsrichtungen angeboten wird (zum Beispiel Arbeitsmaschinen, Werkzeugmaschinen, Leichtbau).

Das in den ersten Ebenen aufgebaute Wissen, vom allgemeinen Ingenieurbasiswissen bis zum spezifischen Fachwissen, zählt zur akademischen Ausbildung. Diese Ebenen beinhalten eine breite Wissensbasis, da das Einsatzgebiet eines Konstrukteurs je nach Bereich (Branche, Unternehmensgröße beziehungsweise Arbeitsteilung, Komplexität der Aufgabe etc.) von der Entwicklung einfacher Kleinteile bis hin zu kompletten Produktionsanlagen variieren kann. Die dritte Ebene stellt darauf aufbauend das spezifische Praxis- und Erfahrungswissen dar, welches Konstrukteure im Beruf erlernen.

Aufgrund dieser Kategorisierung wurde die Auswertungssystematik einzelner Fächer von Studienordnungen verschiedener Universitäten und Fachhochschulen festgelegt.

Abbildung 29: Einteilung von Konstruktionswissen und -können

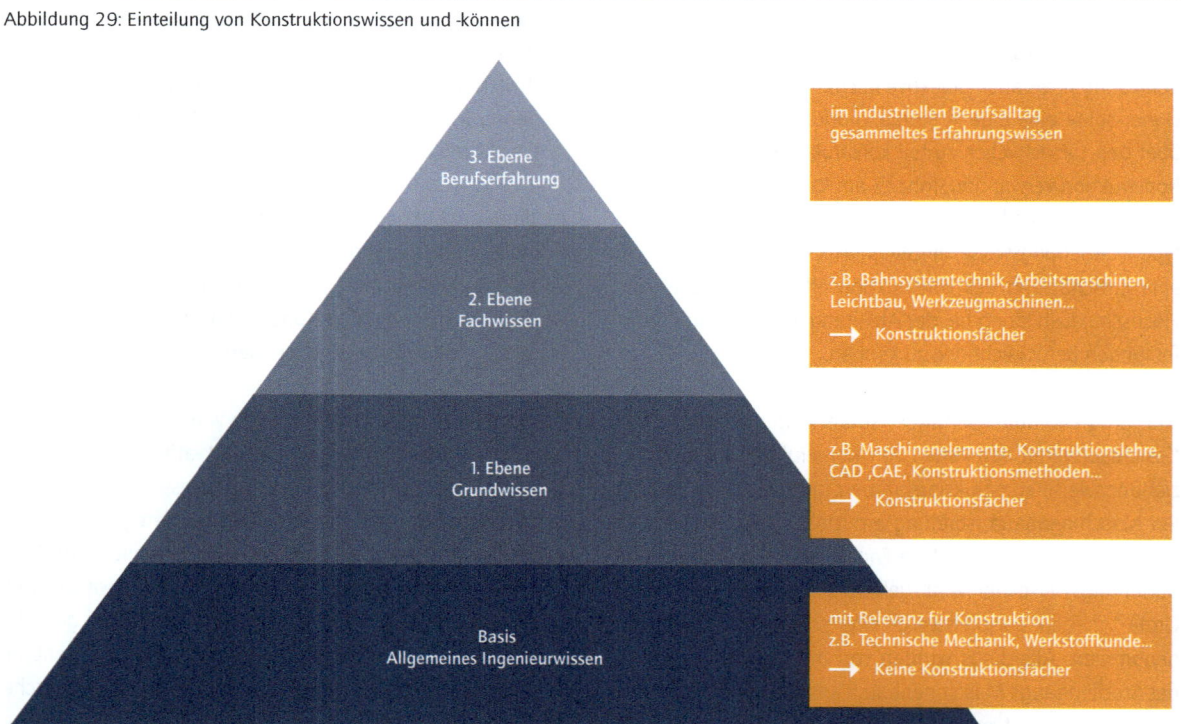

4.1.2 AUSWERTUNGSSYSTEMATIK VON STUDIEN-GANGSCURRICULA HINSICHTLICH KONSTRUKTIONSAFFINITÄT UND -RELEVANZ

Um konstruktionsaffine von nicht konstruktionsaffinen Fächern[23] zu unterscheiden, kam die zuvor entwickelte Kategorisierung in Ebenen zum Einsatz. Aus diesem Begriffsverständnis heraus wurde eine zweistufige Methode entwickelt, um ermitteln zu können, ob ein Fach relevant für die nähere Betrachtung ist oder nicht. In der Analyse der Studienordnungen wurde anhand gewisser Schlagwörter im Titel (Schritt 1) beziehungsweise in der Fachbeschreibung (Schritt 2) geprüft, ob ein Fach konstruktionsrelevant oder -affin ist (siehe Abb. 30).

Schritt 1 der Prüfsystematik ist die Analyse des Titels auf Schlagwörter und Ausschlusswörter, um eine erste Vorsortierung durchzuführen. Dabei werden Fächer als konstruktionsaffin oder nicht konstruktionsaffin eingestuft. Bei einigen konnte keine gesicherte Aussage getroffen werden. In diesem Fall folgte Schritt 2, die Analyse der Fachbeschreibung. Danach wird ein Fach entweder als konstruktionsaffin oder nicht konstruktionsaffin eingestuft, eine neutrale Möglichkeit gibt es nicht.

Die in Abbildung 31 gezeigten Schlagwörter und Themen werden beispielsweise als konstruktionsaffin betrachtet. Dazu gehören unter anderem „Bauteil" als Grundelement technischer Systeme oder „PLM" als Hilfsmittel. Kamen

Abbildung 30: Extraktion der Konstruktionsfächer

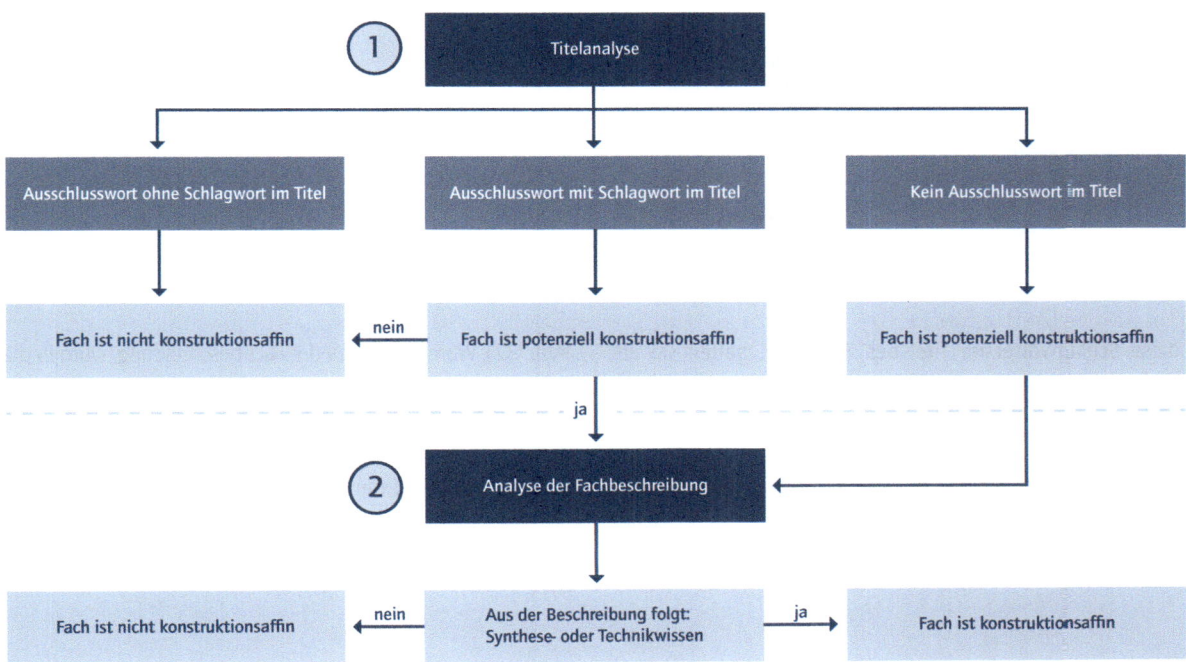

---

[23] Fächer werden als kleinster gemeinsamer Nenner der Studienordnungen betrachtet, da beispielsweise Module oder Vertiefungen sich aus verschiedenen Fächerkombinationen zusammensetzen.

Abbildung 31: Prüfsystematik – Beschreibungsanalyse

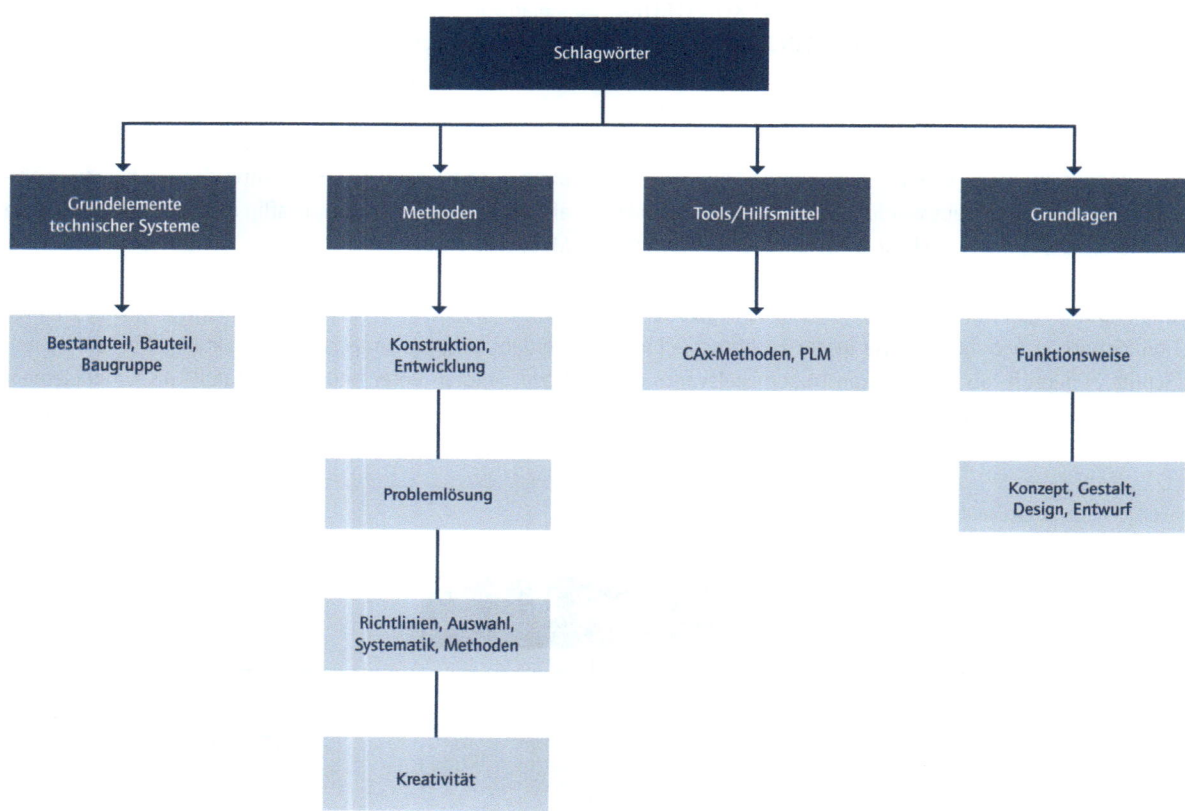

diese Schlagwörter im Titel des Fachs vor, galten sie als potentiell konstruktionsaffin und wurden in der Studienordnungsanalyse näher betrachtet.

Neben Schlagwörtern gab es Ausschlusswörter, zum Beispiel Physik, Chemie, Informatik oder Logistik, die in der Regel auf ein nicht konstruktionsaffines Fach hindeuteten (siehe Abb. 32). Waren diese Teil der Fachbeschreibung, wurden die Fächer in der folgenden Analyse nicht weiter betrachtet.

Anhand einer ersten Durchsicht der Studienordnungen wurden analog zu den Schlag- und Ausschlusswörtern verschiedene Pro- und Contra-Kriterien entwickelt, die darauf hindeuten, ob ein Fach konstruktionsaffin (Pro-Kriterium)

Abbildung 32: Prüfsystematik – Vorsortierung

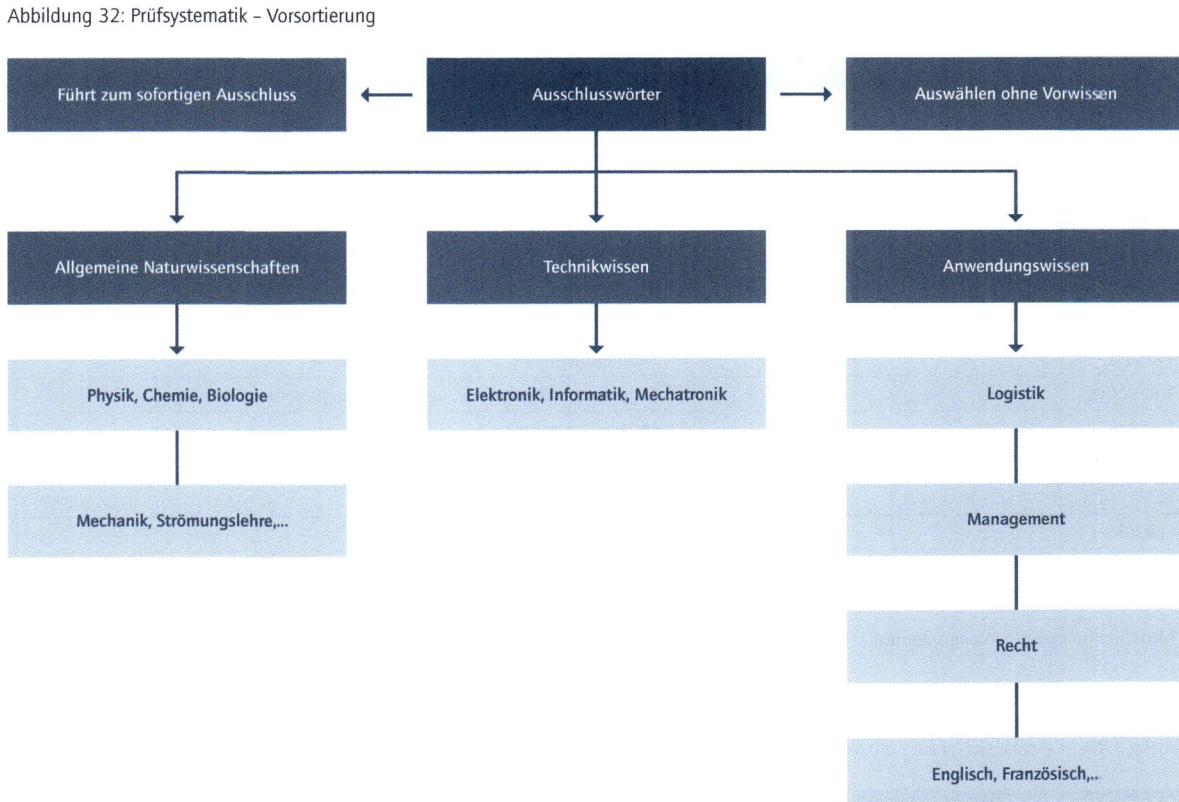

ist oder nicht (Contra-Kriterium). Pro- und Contra-Kriterien wurden allerdings explizit aus der Analyse gewonnen und auf die anderen Untersuchungsfälle angewandt. Mit dieser Vorgehensweise konnten Studienordnungen systematisch auf einen konstruktionsaffinen Inhalt überprüft werden.

Bei den Pro-Kriterien geht es um die Synthese technischer Systeme, das heißt Themen wie Maschinenelemente, (Konstruktions-)Methoden, Auslegung von Bauteilen und Maschinen etc. (siehe Tabelle 3). Zur Gegenprüfung wurden Schwerpunkte, die auf nicht konstruktionsaffine Inhalte hinweisen, aufgelistet (siehe Tabelle 4). Diese Auflistung erhebt keinen Anspruch auf Vollständigkeit, sondern galt als Leitfaden, um Modulkataloge beziehungsweise Studienordnungen besser bewerten zu können.

Tabelle 3: Pro-Schlagwörter zur Modulkataloganalyse

INHALTSSCHWERPUNKTE PRO	BEISPIELKONTEXT DES PRO-KRITERIUMS
Auslegung	Auslegung hoch belasteter Bauteile
Auswahl (zur Gestaltung)	Auswahl von Materialen/Werkstoffen
CAE/CAD	CAD-Workshop/CAE-Workshop
Design/Entwurf	Biomechanik: Design in der Natur und nach der Natur
Engineering	Polymerengineering
Entwicklung	Integrierte Produktentwicklung
Konstruktion	Konstruktion von Arbeitsmaschinen
Produkt	Rechnerintegrierte Planung neuer Produkte
Tribologie	Angewandte Tribologie in der industriellen Produktentwicklung
System	Bahnsystemtechnik
Dimensionierung	Dimensionierung mit Numerik in der Produktentwicklung
FEM	FEM-Workshop
Leichtbau	Konstruktiver Leichtbau
Mechatronik	Robotertechnik
Apparatebau	Konstruktion von Apparaten
Maschinenelemente/Komponenten	Maschinenkonstruktionslehre

Tabelle 4: Contra-Schlagwörter zur Modulkataloganalyse

CONTRA-KRITERIUM	BEISPIELKONTEXT DES CONTRA-KRITERIUMS
Materialfluss/Logistik	Logistik und Materialflusslehre
Arbeitsplanung	Arbeitsplanung, Simulation und digitale Fabrik
Arbeitswissenschaft	Arbeitsschutz und Arbeitsrecht
Fabrik	Fabrikplanung
Betriebsstoffe	Betriebsstoffe für Verbrennungsmotoren und ihre Prüfung
Chemie	Grundlagen der Chemie
Elektrotechnik/Elektronik	Elektrotechnik und Elektronik
Informatik	Informatik im Maschinenbau
Mathematik	Höhere Mathematik
Messtechnik/Optik	Messtechnik
Fertigung/Produktion	Produktionsmanagement
Regelungstechnik	Regelung technischer Systeme
Simulation	Prozesssimulation in der Umformtechnik

CONTRA-KRITERIUM	BEISPIELKONTEXT DES CONTRA-KRITERIUMS
Strömungslehre/Thermodynamik	Technische Thermodynamik und Wärmeübertragung
Werkstoffkunde	Werkstoffkunde
Wirtschaft	Betriebliche Produktionswirtschaft
Theoretische Mechanik	Technische Mechanik
Jura	Öffentliches Recht
Biologie	Bioelektrische Signale und Felder
Energietechnik	Energietechnik/Energiesysteme
Verfahrenstechnik	Chemisch-physikalische Vorgänge
Qualitätsmanagement	Qualitätsmanagement

4.2 DATENBASIS

Die Grundgesamtheit bildeten alle Studiengänge im Bereich Maschinenbau. Die Auswahl sollte anhand der anbietenden Hochschulen erfolgen. Stichprobenartig wurden daher entlang der folgenden Kriterien fünf Universitäten und drei Fachhochschulen ausgewählt:[24]

— Es sollte eine gleichmäßige Verteilung der Universitäten und Fachhochschulen über die gesamte Bundesrepublik Deutschland vorgenommen werden.
— Erst Universitäten und Fachhochschulen ab einer bestimmten Größe (bezogen auf die Anzahl der Studenten[25]) kamen in Betracht.
— Bei der Auswahl der Universitäten lag der Fokus auf den TU9 und der ARGE TU/TH (Arbeitsgemeinschaft von 24 Technischen Universitäten und Hochschulen, inkl. der TU9).
— Die finale Auswahl erfolgte zufällig.

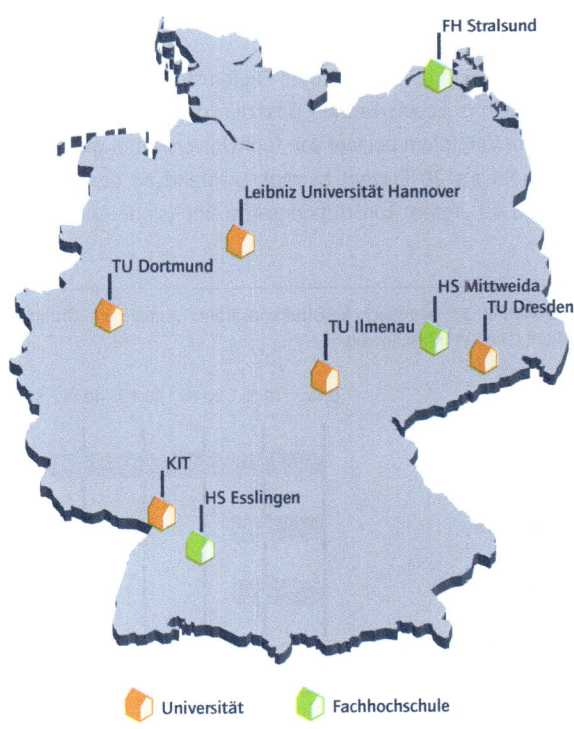

Abbildung 33: Geografische Lage der ausgewählten Universitäten und Fachhochschulen

---

[24] Aufgrund des Aufbaus des Projektes war innerhalb der Studienordnungsanalyse ausschließlich die Betrachtung einer kleinen Stichprobe möglich. Die Projektgruppe empfiehlt auf Basis der Breite der Ergebnisse der vorliegenden Stichprobe die Durchführung einer tiefergreifenden Analyse im Rahmen eines weiteren Projekts.
[25] Mindestens 6.000 Studenten bei Universitäten sowie 2.000 bei Fachhochschulen.

Tabelle 5: Stichprobe der Dokumentenanalyse

UNIVERSITÄT	FACHHOCHSCHULE
– TU Dresden	– HS Mittweida
– TU Dortmund	– FH Stralsund
– Leibniz Universität Hannover	– HS Esslingen
– TU Ilmenau	
– Karlsruher Institut für Technologie	

4.3 ERGEBNISSE

Die Analyse der Studienordnungen der oben genannten Universitäten und Fachhochschulen erfolgte nach der vorher festgelegten Kategorisierung und Vorgehensweise.[26]

Im Vergleich der untersuchten Diplomstudiengänge im Maschinenbau ist zu erkennen, dass der konstruktionsaffine Anteil im Vordiplom bei vier von fünf Universitäten gleich oder weniger als 20 Prozent beträgt, während an der TU Dortmund 48 Prozent konstruktionsaffin sind (siehe Abb. 34).

Im Hauptstudium ist, je nach Vertiefungsrichtung der Studierenden, der konstruktionsaffine Anteil an der TU Dresden mit bis zu 61 Prozent sehr hoch, während der Anteil an den anderen betrachteten Universitäten bei maximal 21 bis 25 Prozent und damit deutlich niedriger lag (siehe Abb. 35).

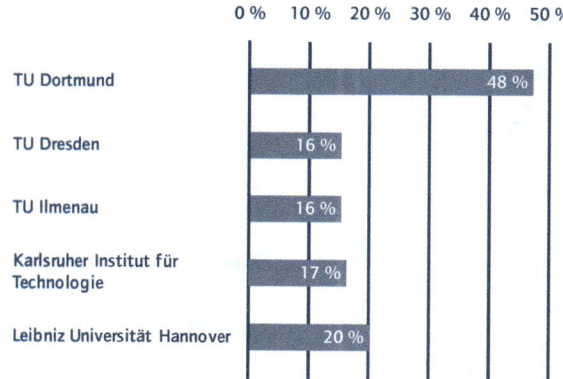

Abbildung 34: Vergleich konstruktionsaffiner Anteile im Grundstudium (Diplom) Maschinenbau

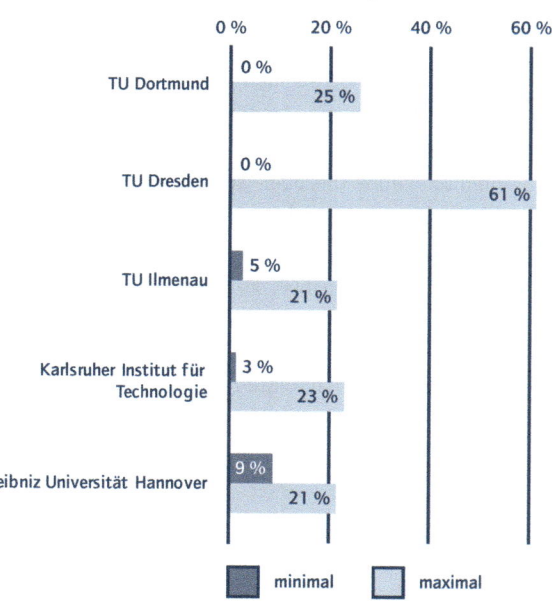

Abbildung 35: Vergleich konstruktionsaffiner Anteile im Hauptstudium (Diplom) Maschinenbau

---

[26] Die ausführliche Ergebnisdarstellung zu den einzelnen Hochschulen ist in Anhang B nachzulesen.

Analyse von Studienordnungen

Im Bachelor-Studium Maschinenbau, welches in der betrachteten Stichprobe von vier Universitäten und drei Fachhochschulen angeboten wird, ergibt sich ein vergleichsweise ausgeglichenes Bild. Die konstruktionsaffinen Anteile reichen von minimal 8 bis maximal 24 Prozent (siehe Abb. 36).

In den betrachteten Master-Studiengängen gibt es an dieser Stelle wieder stärkere Unterschiede. Während an der TU Dortmund, der HS Esslingen und der FH Stralsund unter zehn Prozent der Lehranteile konstruktionsaffin sind, können es an der Leibniz Universität Hannover je nach Vertiefungsrichtung bis zu 28 Prozent und am Karlsruher Institut für Technologie sogar bis zu 47 Prozent sein (siehe Abb. 37).

Abbildung 36: Vergleich konstruktionsaffiner Anteile im Maschinenbaustudium (Bachelor)

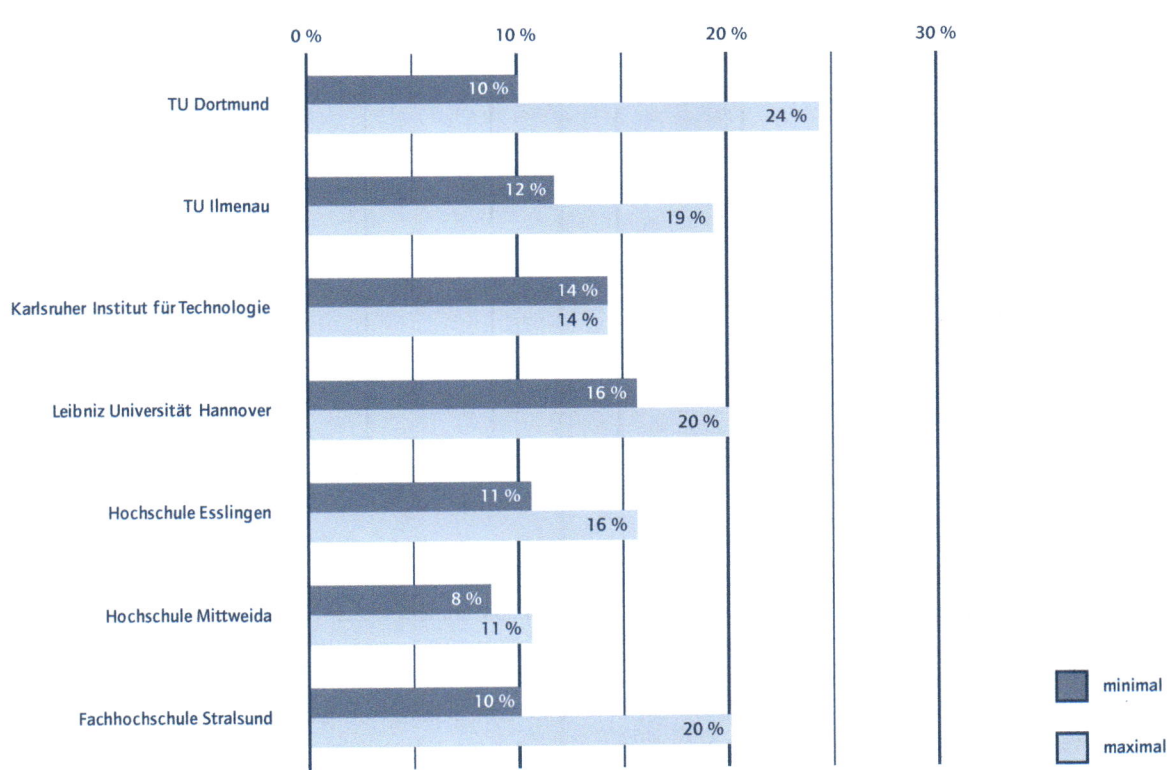

Abbildung 37: Vergleich konstruktionsaffiner Anteile im Maschinenbaustudium (Master)

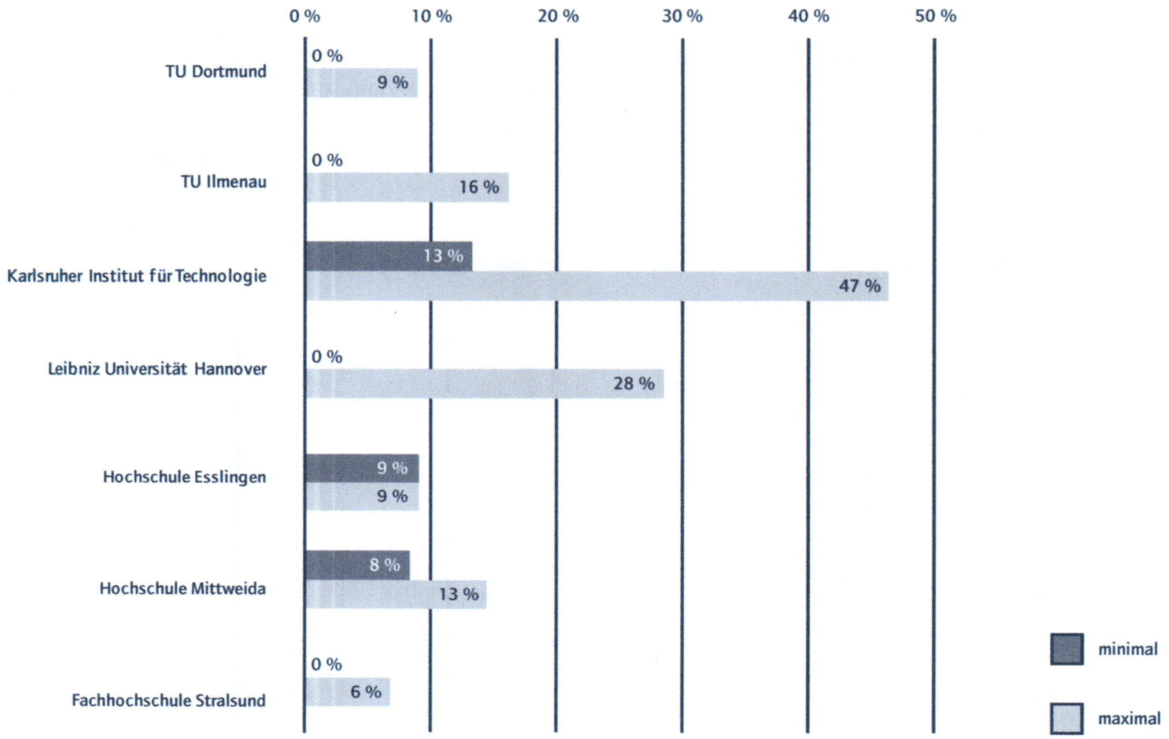

Hochschule	minimal	maximal
TU Dortmund	0 %	9 %
TU Ilmenau	0 %	16 %
Karlsruher Institut für Technologie	13 %	47 %
Leibniz Universität Hannover	0 %	28 %
Hochschule Esslingen	9 %	9 %
Hochschule Mittweida	8 %	13 %
Fachhochschule Stralsund	0 %	6 %

4.4 ZUSAMMENFASSUNG

Die vorliegende quantitative Studienordnungsanalyse untersuchte den Anteil konstruktionsaffiner Inhalte am Maschinenbaustudium an fünf Universitäten und drei Fachhochschulen. Hierfür wurde zunächst eine Methodik entwickelt, mit welcher die Fächer der Modulkataloge nach ihrem konstruktionsaffinen Anteil eingegrenzt werden konnten.

Insgesamt ist festzustellen, dass sich die konstruktionsaffinen Anteile im Maschinenbaustudium an den verschiedenen Hochschulen zum Teil recht deutlich unterscheiden. Diese Differenzen sind aber weniger auf die beiden Hochschultypen Universität und Fachhochschule zurückzuführen, sondern vor allem auf die Studiengangstypen. So haben Vordiplom und Bachelor-Studium recht hohe Anteile konstruktionsaffiner Inhalte. Hier wird das Grundwissen eines Konstrukteurs gelernt. Im Diplom-Hauptstudium und in den Master-Studiengängen gibt es hingegen größere Varianzen. Im Rahmen der Bachelor-/Master-Umstellung wurde je nach Hochschule außerdem eine unterschiedliche Schwerpunktsetzung vorgenommen, die auch außerhalb der Konstruktion liegen kann. Während an einigen Universitäten und Fachhochschulen die konstruktionsaffinen Anteile erhöht wurden, sind sie an anderen Universitäten und Fachhochschulen gleich geblieben oder wurden verringert. Auffallend ist, dass diese Schwerpunkte bei der Bewerbung des Studiengangs nicht hervorgehoben werden.

5 INTERVIEWS MIT INGENIEUREN AUS INDUSTRIE, HOCHSCHULEN UND VERBÄNDEN SOWIE STUDENTEN DER INGENIEURWISSENSCHAFTEN

MARTIN WINTER

5.1 VORGEHEN

Gegenstand dieser Untersuchung sind Studium und Beruf des Konstrukteurs im Maschinenbau.[27] Dazu wurden Einschätzungen und Erfahrungen von Ingenieuren aus Industrie, Hochschulen und Verbänden sowie von Studenten und Absolventen der Ingenieurwissenschaften zum Beruf und zur Ausbildung des Konstrukteurs gesammelt. Gefragt wurde nach dem Status quo von Studium und Beschäftigung sowie nach den künftigen Berufsanforderungen. Im Fokus der qualitativen Interviews[28] stand der akademisch qualifizierte Konstrukteur, der einen Hochschulabschluss im Maschinenbau aufweist und sich im Studium auf Produktentwicklung und Konstruktion konzentriert hat, und weniger jener Konstrukteur, der sich nach einer Facharbeiterausbildung zum Technischen Zeichner, Industriemechaniker oder Ähnlichem zum „geprüften" Konstrukteur beziehungsweise zum Techniker „weitergebildet" hat.

Die Untersuchung hat einen explorativen Anspruch; das Feld „Studium und Beruf von Konstrukteuren" sollte erkundet werden. Ziel war es daher, ein möglichst breites und umfassendes Meinungsbild der Experten auf der Basis möglichst vielfältiger Erfahrungen zum Thema kennenzulernen. An dieser Zielsetzung orientierte sich auch die Auswahl der Befragten. Für ein breites Spektrum an Einschätzungen und Erfahrungen wurden Interviewpartner aus verschiedenartigen Gruppen angesprochen: Studierende, Absolventen, Studiendekane, Firmenvertreter und Verbandsvertreter. Um die Aussagefähigkeit der Untersuchung richtig einschätzen zu können, ist zu betonen: Es handelt sich nicht um eine repräsentative Studie; gesammelt wurden – möglichst – unterschiedliche Argumentations- und Deutungsmuster; über eine Verteilung beziehungsweise eine Verbreitung dieser Meinungen und Erfahrungen unter den Konstrukteuren und Produktentwicklern in Deutschland soll und kann aufgrund dieses Untersuchungsansatzes nichts gesagt werden.[29]

Die Kontaktadressen der Studenten, Absolventen und Firmenvertreter wurden vom Institut für Fertigungstechnik und Werkzeugmaschinen (IFW) der Leibniz Universität Hannover sowie vom Institut für Produktentwicklung (IPEK) am Karlsruher Institut für Technologie bereitgestellt. Zum Teil wurden die Gespräche auch von den Instituten in die Wege geleitet. Deshalb stammen die Interviewpartner auch hauptsächlich aus der Region Hannover beziehungsweise Karlsruhe. Der Kontakt zu den Studiendekanen und Verbandsvertretern wurde vom Institut für Hochschulforschung (HoF) an der Martin-Luther-Universität Halle-Wittenberg selbst angebahnt. In allen Fällen wurden die Interviewpartner vorab angerufen und zusätzlich in einer E-Mail über das Vorhaben informiert.

---

[27] Die ingenieurwissenschaftliche Ausbildung zum Konstrukteur ist bislang weder in hochschulpolitischen Texten noch in Untersuchungen der Hochschulforschung eigens thematisiert worden, wohl aber das Maschinenbau-Studium generell. So hat bspw. der Wissenschaftsrat 2004 Empfehlungen für Forschung und Lehre im Maschinenbau verabschiedet. In diesem umfangreichen Papier sind auch die wesentlichen Kenndaten zum Studium des Maschinenbaus zusammengestellt. Zum Studium des Maschinenbaus an Fachhochschulen hat Kohnhäuser (2007) eine Bestandsaufnahme verfasst, in der Fachbereiche zu ihrem Studienangebot und Arbeitgeber zu ihren Anforderungen an die Absolventen befragt wurden. Eine ältere Überblicksstudie von Vogel/Frerichs (1999) aus dem HIS-Institut für Hochschulforschung Hannover beschäftigt sich mit Strukturdaten zum Maschinenbau; dazu gehören auch Daten zum Studium (Studiengänge, Studienaufbau etc.).
[28] Zur Einführung in die Methodik qualitativer problemzentrierter Interviews siehe Witzel 2000.
[29] Repräsentative Befragungen von Studierenden zum Studium der Ingenieurwissenschaften, also nicht nur zum Maschinenbau-Studium, hat die AG Hochschulforschung der Universität Konstanz durchgeführt (Bargel et al. 2007). Zur Studienwahl im technik- und naturwissenschaftlichen Bereich gibt es aus dem HIS-Institut für Hochschulforschung Hannover eine repräsentative Befragung (Heine et al. 2006).

Geführt wurden „leitfadengestützte Experteninterviews".[30] Die Gliederung dieses Berichts orientiert sich weitgehend an den offen formulierten und auf die verschiedenen Interviewgruppen abgestimmten Leitfäden. Als Experten gelten in dieser Untersuchung Ingenieure beziehungsweise werdende Ingenieure, die über ihre persönliche Ausbildung und ihre Berufstätigkeit sowie zu Ausbildung, Beruf und Berufsbild des Ingenieurs beziehungsweise des Konstrukteurs allgemein befragt wurden.[31]

Die Interviews wurden am Telefon durchgeführt und dauerten im Schnitt rund eine Stunde plus/minus eine Viertelstunde, je nach der Auskunftsfreudigkeit der Interviewten. Generell fielen die Interviews mit den Studenten etwas kürzer aus. Geführt wurden die Gespräche in den Monaten Januar und Februar 2011. Die Interviews wurden aufgezeichnet; aus jedem Mitschnitt wurde ein umfangreiches protokollartiges Transskript erstellt.

Generell heikel ist bei Experteninterviews die Frage der Anonymisierung der Aussagen. Mit den Interviewpartnern wurde vereinbart, dass diejenigen Äußerungen beziehungsweise Verschriftlichungen im Projektbericht, die nicht anonymisiert werden können, von den Interviewpartnern autorisiert werden sollten. Dies musste letztlich nur in zwei Fällen erfolgen, da nur diese Aussagen eindeutig zuzuordnen waren. Ansonsten sind im Bericht alle direkten und indirekten Zitate anonymisiert.

5.2 INTERVIEWPARTNER UND ORGANISATIONEN

5.2.1 DIE BEFRAGTEN INGENIEURE

Befragt wurden acht Ingenieure aus der Industrie, vier Studiendekane aus Maschinenbau-Fakultäten, fünf Absolventen und fünf Studenten der Ingenieurwissenschaften sowie fünf Verbandsvertreter aus dem Ingenieurbereich. Die 27 Interviewpartner zeichnen sich durch folgende Gemeinsamkeiten und Unterschiede aus:

— Alle haben beziehungsweise ergreifen den Beruf des Maschinenbauingenieurs – bis auf einen Verfahrenstechniker.
— Alle Interviewpartner – bis auf die Studenten – tragen den Titel Diplom-Ingenieur. Vier der fünf befragten Studenten streben einen neuen Abschluss (Bachelor oder Master) an.
— Die Studiendekane, Firmen- und Verbandsvertreter haben ihr Diplom an einer Universität erworben. Von den Studenten und den Absolventen besuchen jeweils drei eine Fachhochschule und zwei eine Universität (beziehungsweise haben eine besucht).
— Alle Befragten, die ein Studium absolviert haben, weisen auch Industrieerfahrung auf, also auch die Studiendekane und Verbandsvertreter. Die meisten, aber nicht alle Interviewpartner verstehen sich selbst als Konstrukteure beziehungsweise Produktentwickler.
— Nur eine Frau befindet sich unter den Befragten.

Fünf Interviews wurden mit Studenten geführt. Mit Ausnahme eines Befragten im ersten Semester sind sie alle im Studium relativ weit fortgeschritten; zwei weisen bereits einen Bachelor-Abschluss auf (könnten demzufolge auch den Absolventen zugerechnet werden) und streben einen Master-Titel an. Drei

---

[30] Leitfadengestützt heißt: Für die Gespräche wurde ein Leitfaden entwickelt, der das Interview strukturieren und damit auch gewährleisten sollte, dass die relevanten Untersuchungsfragen gestellt werden. Dabei sollte sich das Gespräch auch „natürlich", sprich möglichst dialogisch, entwickeln können. Die Reihenfolge der Fragen musste nicht eingehalten werden. Oftmals wurden Fragen vom Interviewpartner im Gespräch schon beantwortet, bevor sie gestellt wurden. Zwar wurden in jedem Interview alle wesentlichen Bereiche thematisiert, es wurden aber nicht alle Einzelaspekte bei allen Interviewpartnern abgefragt. Diese weitgehend nicht-standardisierte Fragetechnik trägt dazu bei, neue Einschätzungen zu gewinnen und so dem Ziel, ein möglichst breites Spektrum an Positionen zu erheben, näher zu kommen.
[31] An dieser Stelle sei den Interviewpartnern herzlich für die überaus informativen und sehr angenehmen Gespräche gedankt.

der interviewten Studenten haben die Vertiefung Konstruktion beziehungsweise Produktentwicklung gewählt. Alle Abschlussarten (Bachelor, Master, Diplom) wie auch die beiden Hochschultypen (Fachhochschule und Universität) sind vertreten. Im Einzelnen werden folgende Studiengänge belegt:

— Diplomstudiengang an der Leibniz Universität Hannover
— Bachelor-Studiengang Maschinenbau am Karlsruher Institut für Technologie
— Master-Studiengang Maschinenbau an der Hochschule Hannover
— Dualer Bachelor-Studiengang Maschinenbau/Konstruktionstechnik an der Hochschule Hannover
— Dualer Master-Studiengang Maschinenbau/Produktionsentwicklung an der Hochschule Hannover

Fünf Interviews wurden mit Universitäts- und Fachhochschulabsolventen geführt. Alle befragten Absolventen verstehen sich als Konstrukteure beziehungsweise Produktentwickler. Der Abschluss der Befragten lag nicht mehr als vier Jahre zurück (2007 bis 2009). Folgende Studiengänge haben sie absolviert; in Klammern ist das Jahr ihres Abschlusses genannt:

— Diplomstudium Maschinenbau an der Universität Karlsruhe (2007)
— Diplomstudium Maschinenbau am Karlsruher Institut für Technologie (2009)
— Diplomstudium Maschinenbau an der Hochschule Hannover (2007)
— Diplomstudium Maschinenbau an der Hochschule Hannover (2008)
— Diplomstudium Maschinenbau/Konstruktionstechnik (dualer Studiengang) an der Hochschule Hannover (2008)

Außerdem wurden vier Studiendekane interviewt. Zwei von ihnen stammen von (staatlichen) Fachhochschulen und zwei von (staatlichen) Universitäten, jeweils eine in West- und in Ostdeutschland gelegen. Sie sind allesamt Maschinenbauingenieure mit Universitätsabschluss und Promotion, die Universitätsvertreter mit Habilitation. Nur einer der befragten Studiendekane bezeichnet sich selbst als Konstrukteur. Weil sich Personen in diesen Funktionen nicht anonymisieren lassen, sind sie hier – mit Einwilligung der Betroffenen – im Einzelnen aufgeführt:

— Technische Universität Dortmund, Fakultät Maschinenbau, Prof. Dr.-Ing. Bernd Kuhlenkötter
— Technische Universität Dresden, Fakultät Maschinenwesen, Prof. Dr.-Ing. Hartmut Rödel
— Hochschule Esslingen, Fakultät Maschinenbau, Prof. Dr.-Ing. Alexander Friedrich
— Fachhochschule Stralsund, Fachbereich Maschinenbau, Prof. Dr.-Ing. Wolfgang Schikorr

Acht Interviews wurden mit Firmenvertretern geführt. Zum Teil sind diese Interviewpartner intensiver mit Fragen der Geschäftsführung, zum Teil stärker mit Konstruktionsaufgaben befasst. Alle außer einem haben Personalverantwortung (die von elf bis 280 Mitarbeitern reicht) und sind – nach eigener Aussage – mit Entwicklungs- und Konstruktionsaufgaben im weiteren Sinne betraut; alle verstehen sich auch als Konstrukteure beziehungsweise Produktentwickler, auch wenn sie nur beim Entwurf von Produktentwicklungen oder bei der Konzeption von Konstruktionen beteiligt beziehungsweise hierfür verantwortlich sind.

Unter den Befragten sind (technische) Geschäftsführer, Konstrukteure in Ingenieurbüros und insbesondere Entwicklungs- und Konstruktionsabteilungsleiter in kleinen, mittleren und großen Industrieunternehmen. Es handelt sich dabei um Firmen sowohl des Serien- als auch Sondermaschinenbaus. Alle Interviewpartner aus den Firmen sind Maschinenbauingenieure mit einem Universitätsabschluss, vier tragen einen Doktortitel.

Befragt wurden darüber hinaus fünf Vertreter aus vier Verbänden. Da zum einen die Verbände und zum anderen die Personen mit ihrer herausragenden Position im jeweiligen Verband leicht reidentifizierbar sind, werden ihre Namen mit ihrer Einwilligung genannt. Alle Verbandsvertreter sind Ingenieure. Die Vertreter aus den beiden industrienahen Verbänden Verband Deutscher Maschinen- und Anlagebau (VDMA) und Verein Deutscher Ingenieure (VDI) verstehen sich als Konstrukteure beziehungsweise Produktentwickler. Die in den Verbänden ehrenamtlich Tätigen sind in Industrieunternehmen beschäftigt und berichten dementsprechend auch aus ihrer Unternehmenspraxis:

— VDMA: Dr.-Ing. Hans-Wilhelm Leyendecker, Referent für technisches Management in der Abteilung Betriebswirtschaft (zuständig für Entwicklung, Konstruktion, Fertigung und Montage). Er ist der einzige der Befragten, der hauptamtlich bei einem Verband beschäftigt ist. Dipl.-Ing. Andreas Schuchardt, Siemag AG, Sachverständiger für die Neuordnung der Berufe Technischer Zeichner/Technischer Produktdesigner beim VMDA (ehrenamtlich).
— VDI: Dr.-Ing. Gamal Lashin, Vaillant Group, stellvertretender Vorsitzender des Fachbereichs Produktentwicklung und Mechatronik des VDI.
— Fachbereichstag Maschinenbau (FBTM): Vorsitzender Prof. Dr.-Ing. Gerhard Hörber, Hochschule für Technik und Wirtschaft Berlin.
— Fakultätentag für Maschinenbau und Verfahrenstechnik (FTMV): Vorsitzender Prof. Dr.-Ing. Manfred J. Hampe, TU Darmstadt.

5.2.2 STUDIENWAHL, STUDIENVERLAUF UND BERUFSWUNSCH

Nach ihrer Studienwahl, ihrem Studium und Berufswunsch, also nach ihren individuellen Studien- und Berufsverläufen, wurden nur die Studenten und Absolventen befragt. Als ein Motiv der Studienfachwahl wurde „technisches Interesse" genannt. Die Befragten hätten das Studium des Maschinenbaus aus Spaß am Basteln und Untersuchen von technischen Gerätschaften gewählt. Einen besonders hohen Stellenwert genießt hier das „Automobil" beziehungsweise die „KFZ-Technik" – bei der Wahl der Fachrichtung während des Studiums und auch später bei der Wahl des Arbeitgebers.

Für die Entscheidung für einen dualen Studiengang „Maschinenbau" an der Fachhochschule war entscheidend, parallel eine Ausbildung und ein Studium absolvieren zu können. Begründet wurde dies unter anderem mit einer praktischen Veranlagung oder mit dem Wunsch, „etwas Praktisches machen" zu wollen, beziehungsweise mit der Praxisnähe des Studiums.

Bei den Studenten und Absolventen der Universität schien die Frage des Hochschultyps vorab festzustehen, zum einen wurde die Alternative Fachhochschule gar nicht in Betracht gezogen, zum Beispiel auch deshalb, weil der Vater bereits diesen Weg gegangen ist. Ein weiteres Argument für die – in ihren Augen – als höherwertig geltende Universität lautet, dass man im Fall eines Scheiterns auf die weniger anspruchsvolle Fachhochschule wechseln könne, ohne das Fach Maschinenbau zu verlassen – nach der Devise: „Versuch es an der Uni, und im schlimmsten Fall wirst du einsehen, dass du an die Fachhochschule gehen musst." Oder: „Wenn du die Uni schaffst, dann bestehst du die FH dreimal." Außerdem vergebe die Universität den „vollwertigeren" akademischen Abschluss. An der Fachhochschule wiederum wird auch deshalb studiert, weil das entsprechende (Fach-)Abitur ausreicht.

Viele der befragten Studenten und Absolventen wollten in ihrer Heimatregion bleiben; diese Absicht wird öfter genannt. Es gibt aber auch Interviewpartner, die den Ortwechsel planten und auch realisierten, beispielsweise aus privaten Gründen. Den Schritt von Ostdeutschland nach Westdeutschland machten zwei Befragte.

Im dualen Studium Maschinenbau/Konstruktionstechnik an der Hochschule Hannover gibt es kaum Wahlmöglichkeiten. Das Studium sei damit sehr „konstruktionslastig", so ein Interviewpartner. Es werden dort noch drei weitere „Maschinenbau-Schrägstrich"-Studiengänge angeboten: Produktionstechnik, Mechatronik und technischer Vertrieb. Abhängig von der Firma, die den Ausbildungsplatz bereitstellt, wird die entsprechende Studienrichtung eingeschlagen. Die Wahl des Studiengangs läuft damit über die Wahl der Ausbildungsfirma.

Bei den Studenten und Absolventen nicht-dualer Studiengänge folgt die Studienrichtungswahl persönlichen Interessen und selbst wahrgenommenen Stärken sowie dem Studienangebot ihrer Hochschule. Besonders relevant ist die Frage, ob man gute Noten in dem Fach erzielen kann und/oder wie „praktisch" oder „theoretisch" veranlagt sich der Student sieht. Konstruktion habe er „zu trocken" gefunden, so ein Interviewpartner, er sei eher der praktisch oder experimentell veranlagte Typ, er müsse nicht alles herleiten können. Gewählt wurde Konstruktion von einem anderen Befragten, weil das „eine schöne detaillierte Sache" sei, in die man sich „reinfuchsen" könne.

Die Frage, inwieweit die Studienrichtungswahl als Weichenstellung für den weiteren beruflichen Werdegang begriffen wird, wurde nicht explizit gestellt. Die als relativ gering wahrgenommenen Wahlfreiheiten im Studium scheinen gegen eine enge Verbindung zu sprechen. In 90 Prozent der Fälle mache man nach dem Studium nicht das beruflich, was man gerne machen wolle, behauptet ein Interviewpartner. Ein anderer Befragter berichtet davon, dass er im Verlauf seines Studiums und Arbeitslebens die Fachrichtung gewechselt habe. Damit sei die Einsicht verbunden gewesen, dass die Entwicklung einer Produktionsstraße oder eines Produkts letztlich von der Methodik, von der Herangehensweise sehr vergleichbar

sei. Die Wahl der Fachrichtung „Produktentwicklung und Konstruktion" wird auch damit begründet, sich im Studium breit qualifizieren zu wollen, und Produktentwicklung als „Immer- und Überall- oder Allroundfach" würde dies eben ermöglichen.

Die Studiendekane wurden ebenfalls nach dem Wahlverhalten der Studierenden an ihren Fakultäten gefragt; auch andere Interviewpartner äußerten sich dazu. Der Anteil der Studierenden, die Konstruktion als Vertiefung wählen, hängt den Befragten zufolge vom Studienfachangebot des Fachbereichs und von der inhaltlichen Scheidung der Fächer ab. Die Einschätzungen, wie groß der Anteil der Studierenden ist, die eine Konstruktionsrichtung im Studium einschlagen, reichen von einem Viertel bis zur Hälfte – wobei deutlich gemacht wird, dass in vielen Fächern des Maschinenbaus Fragen der Konstruktionstechnik eine Rolle spielen. Ein Studiendekan nimmt an, dass die Studierenden, die direkt von der Schule kämen, eher den Konstruktionszweig einschlügen, weil sie vor der Produktion so großen Respekt hätten. Ein berufstätiger Konstrukteur stufte Konstruktion als „unteres Mittelfeld" in der Beliebtheitsskala der Studierenden ein. Damals in seinem Studium habe man nicht die Nase gerümpft, da habe man aber auch nicht gesagt: „Ach, toll, du wirst Konstrukteur."[32]

Wie schon die Studienwahl ist auch der Berufswunsch der Absolventen am generellen Technikinteresse, insbesondere am Automobil ausgerichtet. Eine ausgeprägte Fixierung auf eine Führungskarriere wird von kaum einem Befragten artikuliert. Er wolle sich fachlich qualifizieren, meint ein Interviewpartner, einen Aufstieg strebe er aber zurzeit nicht an; sein Ziel sei es, Konstrukteur zu werden. Projektverantwortung, eventuell mit etwas Personalverantwortung, wird aber durchaus angestrebt. Der Eindruck ist, dass das Interesse an der Technik und am Konstruieren überwiegt.

---

[32] Generell wäre hier ein Ansatzpunkt, in Vollerhebungen oder repräsentativen Befragungen die Studierenden nach ihren Gründen der Studienrichtungswahl zu fragen, um auch Aussagen über eine Verteilung der Motive zu erlangen.

5.2.3 HOCHSCHULEN UND FACHBEREICHE

Wie bei der Vorstellung der Interviewpartner in Abschnitt 5.2.1 schon ausgeführt, stammen die interviewten Studenten und die Absolventen entweder aus der Region Hannover oder Karlsruhe. Von den Befragten aus Hannover waren beziehungsweise sind einige an der dortigen Hochschule eingeschrieben – entweder im dualen oder normalen Maschinenbaustudiengang.

Die Fakultäten beziehungsweise Fachbereiche der vier befragten Studiendekane sind unterschiedlich groß: Die kleinste Fakultät hat die Technische Universität Dortmund mit 14 Professuren, die mit Abstand größte die Technische Universität Dresden mit 48 Professuren. Die beiden Hochschulen Esslingen und Stralsund haben 24 beziehungsweise 25 Professuren.

Drei der vier Fachbereiche beziehungsweise Fakultäten haben ihre Studienstruktur gestuft und auf Bachelor und Master umgestellt – allerdings ohne große inhaltliche Veränderungen: Im Rahmen der Bologna-Reform wurde nicht nur der selektive Charakter der Grundlagenfächer bewahrt, generell machte die Studienstrukturreform an den drei Fakultäten laut der befragten Studiendekane keine neue inhaltliche Ausrichtung notwendig, mehr noch: Substanzielle Änderungen wurden vermieden. In Dresden wurde die Umstrukturierung vorbereitet, dann aber nicht realisiert. In der Folge hat sich dort auch die Abschlussbezeichnung nicht verändert; die Absolventen erhalten weiterhin den Diplom-Titel.

Das Ergebnis der Reformbemühungen an den Fachhochschulen lässt sich in der einfachen Gleichung ‚Bachelor ist gleich Diplom minus Praxis' zusammenfassen; das Resultat an der Universität war: Bachelor plus Master ist gleich Diplom.[33] Der faktische Regelabschluss an der Universität ist damit der Master. Wäre der Bachelor als eigenständiger Abschluss eingeführt worden, hätten die Universitäten ihr System komplett umstellen müssen, weil sie die viersemestrige Grundlagenausbildung aus dem Diplom im sechssemestrigen Bachelor nicht mehr hätten fortführen können. Die Universitäten wollten die Grundlagenausbildung jedoch nicht auflösen. Ein mangelnder Glaube an den Bachelor als eigenständiger Studienabschluss und ein fehlender Wille zur Stufung der Studienabschlüsse lassen die Universitäten auf den Master als Regelabschluss setzen. Die Absicht wiederum, den Master als Nachfolge des Diploms beizubehalten, führte dazu, im Studienplan kaum etwas ändern zu müssen. Die Botschaft, der Master sei der Regelabschluss für Universitätsstudierende des Maschinenbaus, werde auch den Studierenden so vermittelt, berichtet ein Interviewpartner.[34]

5.2.4 VERBÄNDE

Zu den Verbänden, von denen Vertreter befragt wurden, zählen der Verein Deutscher Maschinen- und Anlagenbau (VDMA), der Verein der deutschen Ingenieure (VDI), der Fakultätentag für Maschinenbau und Verfahrenstechnik (FTMV) und der Fachbereichstag Maschinenbau (FBTM).

Der VDMA vertritt die Interessen der Unternehmen im Maschinen- und Anlagenbau und bietet seinen rund 3.000 Mitgliedern unterschiedliche Dienstleistungen an, insbesondere Informationen aller Art, so zu Recht, Forschung, Management und Marktentwicklungen. Schließlich dient der Verband als Netzwerk der Mitglieder.[35]

Der VDI ist eine Einrichtung, in der nicht wie beim VDMA Unternehmen, sondern Personen Mitglied sind. Der VDI organisiert und vertritt die Berufsgruppe der Ingenieure.

---

[33] Vgl. Winter/Anger 2010 und Winter 2010.
[34] Vgl. die Studie von Johanna Witte und Jeroen Huisman, in der Hochschulexperten der Ingenieurwissenschaften zur Bologna-Reform befragt werden (Witte/Huisman 2008). Zur Studienreform und zum gestuften Studium im Maschinenbau liegt eine Umfrage des HIS-Instituts für Hochschulforschung Hannover vor. Darin werden Professoren auch zur Gestaltung der Studiengänge befragt (Fischer/Minks 2008).
[35] Vgl. VDMA 2012.

Für seine derzeit rund 140.000 Mitglieder werden Dienstleistungen erbracht, Richtlinien erarbeitet (zum Beispiel die für Konstrukteure relevante VDI-Richtlinie „Produktentwicklung und Konstruktion"[36]), Fortbildungen angeboten usw. Der Verein versteht sich als Sprecher und Ansprechpartner für technische, berufliche und politische Fragen.[37] Der VDI ist in zehn Fachgesellschaften unterteilt, die wiederum drei bis acht Fachbereiche beinhalten.[38] Konstruktion und Produktentwicklung sind in dieser Organisationsstruktur in zwei Fachbereichen vertreten: „Produktentwicklung und Mechatronik" ist ein Fachbereich in der Fachgesellschaft „Produkt- und Prozessgestaltung", und „Werkstoffe, Konstruktion und Lebensdauer" ist ein Fachbereich in der Fachgesellschaft „Verfahrenstechnik und Chemie-Ingenieurwesen". Eine hervorgehobene Stellung in der Organisation nimmt die Konstruktion folglich nicht ein.

Im FTMV sind alle Fakultäten und Fachbereiche an den Universitäten, und im Fachbereichstag Maschinenbau FBTM sind alle Fakultäten und Fachbereiche an den Fachhochschulen organisiert. Der Organisationsgrad in beiden Verbänden liegt nahezu bei 100 Prozent. Der Schwerpunkt ihrer Arbeit liegt auf Studium und Lehre; Ziel ist es, eine gemeinsame Linie der Mitgliedsfakultäten in Ausbildungsfragen zu organisieren. Dementsprechend hat der FBTM ein Positionspapier zu den Ausbildungsgängen an den Fachhochschulen verfasst.[39] Der Vorsitzende vertritt den Verband nach außen.

Auch wenn Konstruktion das Kerngeschäft des Maschinenbauers ausmachen sollte, wie von Interviewpartnern auch betont wird, nehmen Konstrukteure in allen vier Verbänden keine besonders hervorgehobene oder organisierte Position ein. Sie treten in keinem der befragten Verbände dezidiert als Konstrukteure auf.

5.2.5 FIRMEN

Das Größenspektrum der befragten Firmen reicht vom Großkonzern über das mittlere Industrieunternehmen bis zum kleinen Ingenieurbüro. Vertreten sind unterschiedliche Branchen, insbesondere Automobilindustrie, aber auch Produktionstechnik wie Verpackung- und Druckmaschinen. Einige Interviewpartner arbeiten in Firmen, die sich auf Serien-, und andere in Firmen, die sich auf Sondermaschinenbau spezialisiert haben.

Die personelle Zusammensetzung der Entwicklungs- und Konstruktionsabteilungen der Firmen folgt keinem einheitlichen Muster: Der Anteil der Universitäts- und Fachhochschulabsolventen beziehungsweise Technischen Zeichner und Techniker variiert erheblich. Die Zusammensetzung hängt auch davon ab, inwieweit Aufgaben, wie die Erstellung von Zeichnungen, externalisiert werden, also an externe Konstruktionsbüros abgegeben werden. Die Art und Weise, wie die Arbeitsteilung zwischen Konstrukteuren und Produktentwicklern beziehungsweise Technischen Zeichnern gestaltet wird (und die „Schnittstellen" zwischen ihren Arbeitsbereichen), korrespondiert wiederum mit dem (Selbst-)Verständnis dieser Berufsgruppen. Aus der Reihe der Firmen sticht ein mittelständisches Unternehmen heraus, das in der Konstruktionsabteilung keine akademisch qualifizierten Konstrukteure beschäftigt, sondern ausschließlich Konstrukteure mit Facharbeiterabschluss (im Folgenden beruflich qualifizierte Konstrukteure genannt). Entsprechend fallen die Aussagen dieses Befragten zum Konstrukteurberuf und zur Konstrukteurausbildung anders aus.

Große Unterschiede gibt es auch bei der Zahl der Mitarbeiter in den Entwicklungs- und Konstruktionsabteilungen im Verhältnis zur Beschäftigtenanzahl insgesamt. Angesichts der sehr heterogenen Besetzung dieser Abteilungen mit beruflich

---

[36] Vgl. VDI 2012a.
[37] Vgl. VDI 2012b.
[38] Eine Übersichtsgrafik ist beim VDI verfügbar (VDI 2012c).
[39] Empfehlung für die Bachelor- und Master-Ausbildung der maschinenbaulichen und artverwandten Studiengänge an Hochschulen (FH) in Deutschland (FBTM 2012).

und akademisch qualifizierten Konstrukteuren und einem divergierenden Ausmaß an Externalisierung von Konstruktionsaufgaben verbieten sich Zahlenangaben für die produzierenden Gewerbe. Ingenieurbüros als reine Dienstleistungsunternehmen fallen aus diesem Vergleich heraus. Zur groben Orientierung kann gesagt werden: Der Anteil reicht von rund ein Viertel bis unter fünf Prozent der Belegschaft. Diese Zahlen können auch als Hinweis darauf gedeutet werden, inwieweit das Produkt als technisch anspruchsvoll gilt beziehungsweise welcher technologische oder kompetitive Anspruch dahinter steckt (beispielsweise wird die Technologieführerschaft am Markt angestrebt). Abhängig ist der Anteil allerdings auch davon, wie stark Kapazitäten ausgelagert wurden.

Zwischen den Interviewpartnern der verschiedenen Gruppen (Studenten, Absolventen, Studiendekane, Verbands- und Firmenvertreter) kann und muss nicht so klar differenziert werden, wie es auf den ersten Blick scheint. Beispielsweise können auch Absolventen als Firmenvertreter eingestuft werden; das gilt auch für die Studiendekane und die Verbandsvertreter; die Angehörigen beider Gruppen können zumeist auf umfangreiche Industrieerfahrungen zurückgreifen. Die in ihrem Status als Absolventen befragten Interviewpartner unterscheiden sich von den Firmenvertretern dadurch, dass ihr Abschluss erst ein paar Jahre zurückliegt, sie also weniger Berufserfahrung aufweisen, und sie an den (Fach-)Hochschulen in Karlsruhe oder Hannover studiert haben. Außerdem unterscheiden sie sich von den befragten Firmenvertretern hinsichtlich der Art ihres Hochschulabschlusses: Drei der Absolventen haben ihn an einer Fachhochschule erworben, die Firmenvertreter sind dagegen allesamt Universitätsabsolventen. Schließlich stehen die befragten Absolventen noch am Beginn ihrer Karriere und sind in der Firmenhierarchie entsprechend eher an der Basis angesiedelt: Sie arbeiten allesamt als Konstrukteure oder Produktentwickler, zum Teil bereits mit Personalverantwortung. Das Spektrum ihrer beruflichen Positionen reicht vom Konstrukteur im engeren Sinne über den Entwicklungsingenieur bis zum (stellvertretenden) Konstruktionsleiter und Projektmanager.

5.3 BERUFSBILD KONSTRUKTEUR

5.3.1 DEFINITIONSVERSUCHE

Konstruieren gilt als ein wesentlicher Bestandteil des ingenieurwissenschaftlichen Handlungs- und Kompetenzspektrums, oder wie es ein Befragter einfacher ausdrückt: Konstruieren ist „das Kerngeschäft des Maschinenbauers". Ein anderer Interviewpartner formuliert es so: „Ein wenig Konstrukteur muss in jedem Ingenieur drinne stecken." Dies behaupten auch Befragte, die sich selbst nicht als Konstrukteure bezeichnen. Das heißt aber nicht, dass jeder Ingenieur auch als Konstrukteur tätig werden kann. Nur rund ein Drittel bis 40 Prozent der Absolventen seiner Universität sei in der Lage, als Konstrukteur zu arbeiten, schätzt ein Interviewpartner.

Fragt man, was unter einem Konstrukteur zu verstehen ist und was dieser so tut, lauten die Antworten folgendermaßen: Seine Aufgabe ist es, ein technisches Problem zu analysieren, für dieses Problem technische Lösungen zu finden, davon eine auszuwählen und diese in ein Modell umzusetzen. Das zu lösende Problem ist oftmals eine Anforderung, die von einem Kunden gestellt wird. Das Modell ist unter der Berücksichtigung von Kosten, Qualität, Funktionalität und Bedienbarkeit zu gestalten. Dieses Modell muss dann ein funktionierendes Produkt ergeben. Dabei gibt es zwei Arten von Konstruktionen, zum einen die Weiterentwicklung beziehungsweise Anpassung bestehender Produkte an Kundenwünsche (insbesondere im Sondermaschinenbau), zum anderen die Neuentwicklung von Produkten.

Ein Befragter konstatiert den Bedarf an einer allgemeinen klaren Definition des Konstrukteurs. Ein anderer nennt eine sehr weitgehende Definition: „Konstrukteure sind alle, die an der Entwicklung und Konstruktion beteiligt sind." Danach wären auch Technische Zeichner Konstrukteure. Nicht als Konstrukteure bezeichnen können sich demgegenüber die Technischen Zeichner, wenn sich der Konstrukteur – wie ein anderer Interviewpartner festlegt – über ein bestimmtes methodisches Vorgehen definiert und diese Konstruktionsmethodik bei seiner Tätigkeit auch anwendet. Wenn sich die Konstruktion indes über die Konstruktionsmethodik definiert, dann verschwimmen auch die Unterschiede zwischen der Entwicklung von Produkten und Produktionstechnik, wie ein Interviewpartner nahelegt: „Letztendlich ist eine Werkzeugmaschine von der konstruktionsmethodischen Herangehensweise her kaum etwas anderes als ein Porsche." Das eine sei ein Produkt, was zu einem Endkunden gehe, und das andere eines, was andere Produkte herstelle.

Soll „Konstrukteur" definiert werden, dann ist auch von einem besonderen Ethos die Rede, das mit diesem Beruf verbunden ist: Danach agiere der Konstrukteur als „Überzeugungstäter", der stets den Drang verspüre, noch bessere Lösungen für Produkte zu suchen, der unruhig „im Geist" alles hinterfrage sowie mit technischem Gespür und Sachverstand Wirkungszusammenhänge analysiere und technische Lösungen suche. Konstrukteur scheint demnach nicht nur ein Beruf, sondern auch eine Geisteshaltung zu sein, die man nicht so einfach erwerben oder gar erlernen kann. Ein Interviewpartner behauptet, dass ein Absolvent, der gerade sein Ingenieurstudium beendet habe, noch kein Konstrukteur sei; die Ausbildung in der Konstruktionstechnik mache keinen Konstrukteur, sondern jemand, der Konstruktionstheorie beherrsche. Neben der wichtigen Motivation wird (angeborenes) Talent als eine wesentliche Voraussetzung für die Konstrukteurtätigkeit beziehungsweise das Konstrukteurdasein betrachtet. Konstruktion sei auch eine Sache der kreativen Begabung, die einem gegeben sei – oder auch nicht. Sie sei „eine schöpferische Tätigkeit". Er hätte schon Entwickler davon sprechen hören, dass sie ihr Tun als Kunst verstünden.

> Unter den Befragten gibt es keine allgemein akzeptierte Definition, was ein Konstrukteur ist beziehungsweise macht. Konstrukteur ist demnach nicht gleich Konstrukteur.

5.3.2 ZWISCHEN PRODUKTENTWICKLUNG, KONSTRUKTION UND TECHNISCHER ZEICHNUNG

Ein intensiv erörtertes Thema der Interviews sind die Unterschiede zwischen den Berufsfeldern Technischer Zeichner, Konstrukteur und Produktentwickler. Die begrifflichen Abgrenzungen hierzu fallen sehr verschieden aus. Hinsichtlich des Vergleichs von Konstrukteuren und Produktentwickler gibt es unter den Interviewpartnern im Grunde zwei divergente Auffassungen:

— Die erste ist: Konstrukteur und Produktentwickler sind und tun das Gleiche. Es gibt keinen Unterschied zwischen ihnen, die Begriffe werden für denselben Beruf verwendet. „Der Produktentwickler macht genau das, was der Konstrukteur macht." „Produktentwicklung ist ein modernes Wort für Konstruieren." Er mache keinen Unterschied zwischen Konstrukteur und Produktentwickler, behauptet ein Interviewpartner, er könnte eine akademische Unterscheidung zwischen ihnen erfinden, aber im Alltag sei dieser Unterschied fließend: Ein Konstrukteur sei eher einer, der ein einzelnes Bauteil konstruiert, und ein Produktentwickler führe viele Teile zusammen. Aber diese Unterscheidung sei „ganz schön akademisch". In der einen Firma spricht man vom Konstrukteur, in der anderen vom Entwicklungsingenieur, in der dritten heißt es Produktentwickler. Jedes Unternehmen hat offenbar seine eigenen Begriffstraditionen. Ob diese branchenabhängig sind, wäre genauer zu untersuchen.
— Die zweite Auffassung ist: Der Entwickler ist die höhere Form des Konstrukteurs. Entsprechend ist die Sprachregelung in den Betrieben. Der Produktentwickler sei für ihn mehr als der Konstrukteur, meint ein Interviewpartner, er sei eher der Projektleiter und der Produktmanager, der sich mit vielerlei Aspekten bei der Produktentwicklung beschäftigen müsse, während der Konstrukteur allein für rein fachliche Aufgaben im technischen Bereich zuständig sei. Der Unterschied sei

vielleicht, überlegt ein anderer Befragter, dass der Produktentwickler mit einem interdisziplinären Team aus verschiedensten Fachrichtungen zusammenarbeite, weil das Produkt so komplex sei, während der Konstrukteur eher stärker in die Zeichnungsdetails einsteige. Oftmals bewegen sich die Aussagen der Interviewpartner im Ungefähren. So wird vorsichtig gefragt, ob der Produktentwickler nicht eher der Produktdesigner sei. Ähnlich vermutet ein anderer Interviewpartner, ob Produktentwicklung nicht eher auf Design und Kundenwünsche ausgerichtet sei, also eher in Richtung Marketing ginge, und der Konstrukteur würde eher die gestellten Anforderungen umsetzen.

Auch beim Vergleich von Konstrukteuren und Technischen Zeichnern können zwei grundsätzlich unterschiedliche Auffassungen festgestellt werden:

— Die erste ist: Der Konstrukteur ist mehr als ein Technischer Zeichner: Ein Konstrukteur sei nicht der, der das CAD bediene, meint ein Befragter, in seiner ersten Bewerbungszeit hätten viele Personalchefs die Arbeit des Konstrukteurs so verstanden, dass man sich hinter den Rechner klemme und von morgens bis abends CAD-Strukturen aufbaue. In seinen Augen sei der Konstrukteur viel mehr. Er sei der Vordenker, der aus einem Wunsch eine Idee mache, diese Idee finanziell durchrechne und sie in einer Skizze zu Papier bringe. Die technische Zeichnung sei nur noch ein Endprodukt, was mit der eigentlichen Arbeit kaum noch zu tun habe. Der Technische Zeichner habe, so ein anderer Befragter, letztendlich nur das umzusetzen, was ihm vorgegeben werde. Der Konstrukteur habe demgegenüber die Verantwortung zu übernehmen, dass die Konstruktion funktioniere und niemand zu Schaden kommen könne. Der Konstrukteur habe sich um die Auslegung zu kümmern, dazu brauche er viel Hintergrundwissen.
— Die zweite Auffassung ist: Der heutige Konstrukteur ist das, was früher der Technische Zeichner war – ausgestattet mit einem Rechner und der nötigen Software.

Unter Konstruieren verstehe er, so ein Befragter, dass er vorm CAD-Rechner sitze, seine Skizzen mache, seine Linien selbstständig ziehe und sein Volumenmodell mache. Noch stärker auf Zeichnung eingegrenzt sieht ein anderer Interviewpartner die Arbeit des Konstrukteurs: „Und der Konstrukteur ist ja nur der Zeichnungsdetaillierer."

Entsprechend dieser Unterscheidung beschreibt ein Befragter die Konstruktionskette: Der Entwickler validiere die Idee und die Funktion, der Konstrukteur arbeite dann die Lösung aus. Der Produktentwickler sei der Ideengeber, und der Konstrukteur setze die Idee um. Die technische Zeichnung sei dann der letzte Schritt der Umsetzung. Wobei die Grenzen zwischen den Arbeitsbereichen dieser Konstruktionskette fließend und daher nicht eindeutig zu bestimmen sind.

> Die einen Interviewpartner unterscheiden nicht zwischen Konstrukteur und Produktentwickler, die anderen betonen die Unterschiede: Produktentwicklung wird demgemäß als eine höhere Form der Konstruktion betrachtet, und der heutige Konstrukteur entspricht in etwa dem früheren Technischen Zeichner.

5.3.3 AKADEMISCH UND BERUFLICH QUALIFIZIERTE KONSTRUKTEURE

Das Besondere an der Konstrukteurtätigkeit ist, dass sie auf verschiedenen Ebenen im Bildungssystem erlernt werden kann, zum Beispiel im Rahmen einer dualen Berufsausbildung oder einer beruflichen Weiterbildung oder über ein Studium an einer Berufsakademie, Fachhochschule oder Universität. Die Hauptunterscheidung ist wohl die zwischen beruflich und akademisch qualifizierten Konstrukteuren. Ein Berufsabschluss mit der Bezeichnung „Konstrukteur" kann nur im Rahmen einer Weiterbildung erworben werden. Diese dauere rund 1.200 Stunden, erklärt der befragte Sachverständige für die Neuordnung der Berufe

Technischer Zeichner/Technischer Produktdesigner beim Verband Deutscher Maschinen- und Anlagenbau (VDMA). Diese Stunden würden je nach Weiterbildungsträger abgeleistet, zum Beispiel entweder zweieinhalb bis drei Jahre berufsbegleitend oder ein Jahr in Vollzeit. Die Abschlussprüfungen zum „Geprüften Konstrukteur" würden von den zuständigen Industrie- und Handelskammern abgenommen. Dieser „Geprüfte Konstrukteur" sei quasi der „Meister in der Konstruktion" analog zum Meister in der Fertigung. Zulassungsvoraussetzung für diese Prüfung ist laut entsprechender Verordnung von 1994 (§ 2 Abs. 1) entweder „eine mit Erfolg abgelegte Abschlußprüfung zum Technischen Zeichner/zur Technischen Zeichnerin oder in einem anerkannten Ausbildungsberuf, der den Metall-, Elektro- oder Holzberufen zuzuordnen ist, und danach eine mindestens dreijährige einschlägige Berufspraxis" oder „eine mindestens siebenjährige Berufspraxis im Konstruktionsbereich oder in einem Metall-, Elektro- oder Holzberuf".

Entsprechend der verschiedenen Ausbildungswege zum Konstrukteurberuf wird die Frage beantwortet, was ein typischer Konstrukteur ist. Für den interviewten Vertreter einer eher kleinen Firma sind Konstrukteure Facharbeiter; in anderen Unternehmen sind die typischen Konstrukteure Fachhochschulabsolventen, und in wiederum anderen Firmen hat der Konstrukteur einen Hochschulabschluss, egal ob an der Fachhochschule oder an der Universität erworben. Dass nur Universitätsabsolventen „richtige" Konstrukteure sind, behauptet dagegen niemand. Einzig, dass für die Produktentwicklung Universitätsabsolventen zuständig sind, ist dagegen zu hören. Die Einsatzgebiete von akademisch und beruflich qualifizierten Konstrukteuren unterscheiden sich zwar, lassen sich aber nicht so klar trennen, erklärt ein Befragter: Die Akademiker sollten beim Detail-Engineering nicht stehen bleiben, sondern in das Basic-Engineering übergehen, das heißt auch Entwürfe machen. Die beruflichen Konstrukteure übernähmen eher das Detail-Engineering, also die Details einer Konstruktion: Oberflächenangaben, Passungen, Toleranzen, Werkstoffe etc. Das seien eher standardisierte Aufgaben. Der beruflich qualifizierte Konstrukteur sei eher der Ideenumsetzer, der Akademiker der Ideengeber. Das könne man so sagen. Aber die Praktiker hätten natürlich auch Ideen. Es gebe letztlich keine richtige Trennung zwischen beruflich und akademisch qualifizierten Konstrukteuren. Ein Interviewpartner sieht die Trennung in seinem Betrieb weniger zwischen Facharbeitern und Fachhochschulingenieuren, denn diese könnten auf einer Ebene zusammenarbeiten, sondern vielmehr zwischen Universitätsingenieuren und Facharbeitern, weil erstere theoretisch sehr stark ausgebildet seien, so dass die anderen da nicht mitkämen.

„Konstrukteur" ist nicht nur die Berufsbezeichnung von Akademikern, sondern auch von Facharbeitern. Die einen Befragten heben die Differenzen zwischen akademischer und beruflicher Qualifikation hervor, für die anderen ist die Trennung zwischen den Gruppen weniger ausgeprägt.

5.3.4 DER KONSTRUKTEURBEGRIFF IM WANDEL DER ZEIT

Der Konstrukteurbegriff hat sich im Lauf der Zeit tiefgreifend gewandelt, wie einige Interviewpartner – auch anhand ihrer eigenen Biografie – berichten können: Demnach ist heute der Produktentwickler das, was früher der Konstrukteur war (plus Marktorientierung), und: „Was früher der Technische Zeichner war, das ist heute der Konstrukteur." Früher, erzählt ein älterer Interviewpartner aus seinem Berufsleben, habe der Konstrukteur auf einem großen Blatt eine „Mutterzeichnung" gemacht, dann hätten Technische Zeichner kleinere Blätter auf die große Zeichnung gelegt und diese dann „detailliert". Dieser Technische Zeichner sei kein Ingenieurberuf, sondern ein Lehrberuf; er führe Aufträge gemäß den Richtlinien aus. Früher hätte jeder Konstrukteur seine „Handlanger" gehabt, meint ein anderer Befragter, der Konstrukteur habe das Konzept vorgegeben, die Umsetzung hätten die „Wasserträger", sprich die Zeichner, übernommen. Der Technische Zeichner in diesem Sinne sei ab Mitte der 1990er Jahre eine aussterbende Kategorie, und zwar seitdem der Konstrukteur selbst – rechnerunterstützt – zeichne. Motor des Wandels ist die Computertechnik. Computer Aided Design (CAD), erst in 2D und aktuell in 3D – und in Zukunft virtuell –, löse den alten Zeichen-Modus ab. Die handwerkliche Tätigkeit hätte, resümiert der Befragte, heutzutage das Rechensystem übernommen.

Aus dieser Entwicklung entspringe, so ein anderer Interviewpartner, ein „Generationenkonflikt": Früher habe der Chefkonstrukteur als genialer Erfinder gegolten. Für diese Kategorie Konstrukteur stünden berühmte Namen, wie der Flugzeugbauer Dornier. Das Problem daran sei heute, dass die technische Konstruktion zu sehr im Vordergrund stünde, das Resultat sei „over-engineering", das sich zu sehr auf die konstruktive Qualität des Produkts konzentriere und zu wenig die kaufmännische Sichtweise beachte, die für den ökonomischen Erfolg und damit den Unternehmenserfolg unabdingbar sei. Gefragt sei heute der Produktentwickler, der nicht nur für das rein Fachliche zuständig ist, sondern auch für die Kostenseite, die Kundenanforderungen und die Entwicklung des Marktes. Das ginge dann schon stärker in Richtung Produktmanagement. Er sehe denn auch eine engere Verwandtschaft zwischen Produktentwickler und Produktmanager als zwischen Produktentwickler und Konstrukteur. Gezeichnet werde heute rechnerunterstützt; den alten Technischen Zeichner gebe es daher nicht mehr. Der Konstrukteur sei heute das, was früher der Technische Zeichner gewesen sei. Mit einem Hochschulstudium sei man daher „überqualifiziert", um die Stelle eines Konstrukteurs auszuüben. 80 Prozent der Stellenangebote für Konstrukteure suchten jemanden, der am CAD-System sitze und konstruiere. Der Konstrukteur sei als „Zeichnungsdetaillierer" nur ausführendes Organ, Sachbearbeiter. Da er früher genau das gemacht habe, was heute ein Produktentwickler mache, wurde früher mit dem Begriff des Konstrukteurs mehr Leistungsfähigkeit verbunden als heutzutage. „Die Fähigkeiten eines Konstrukteurs werden [heute] deutlich niedriger angesehen als die eines Produktentwicklers." Deshalb hörten die Produktentwickler in seiner Firma äußerst ungern, sie wären Konstrukteure. „Wir sagen immer, Konstrukteur ist eigentlich eine Beleidigung, weil das nur ein Teil dessen ist, was ein Entwickler machen muss." Viele Unternehmen ließen heute nur noch extern konstruieren (beziehungsweise zeichnen); diese Firmen arbeiten mittels CAD-Programmen zu billigen Stundensätzen am Rechner. Selbstironisch als „Besprechungs- und Powerpoint-Ingenieure" bezeichnet der Interviewpartner denn auch die Produktentwickler, die für die Produktideen und deren Konzeption verantwortlich seien.

Im heutigen Sprachgebrauch gehe der Konstrukteur mehr in Richtung Technischer Zeichner, meint ein anderer Befragter. Es werde viel über den Konstrukteur geredet. Die meisten Professoren in Deutschland versuchten den Produktentwickler zu etablieren, und traditionell sei das der Konstrukteur. Produktentwickler sei der Modebegriff. Dieser müsse das gesamte Produkt in seinen Funktionen überblicken. Der Konstrukteur sei dann derjenige, der die Detailfunktionen umsetzen müsse. Die Produktentwicklung umfasse zusätzlich noch das Projektmanagement. Hier wären die Dinge „ganzheitlich" zu betrachten – Fertigungsprozesse, wirtschaftliche Fragen etc., die der Konstrukteur nicht mehr so „auf dem Radar" haben müsse.

Ein anderer Interviewpartner sieht die Grenzen in der Arbeitsteilung und in der Hierarchie des Unternehmens verschwimmen, in der heutigen Praxis sei die Unterscheidung zwischen Produktentwicklung und Konstruktion fließend. Vor 30 bis 40 Jahren sei diese Trennung klarer gewesen. Heute gingen die Akademiker mehr ins Projektmanagement und hätten mehr Kundenkontakt. Viele blieben aber auch im Detail-Engineering neuer Form hängen.

> Der Begriff der Konstruktion hat sich im Laufe der Zeit gewandelt, wie sich auch die Arbeitsweisen in Konstruktion und Entwicklung geändert haben. Motor des Wandels ist u.a. die Computertechnik, insbesondere das „Computer Aided Design".

5.3.5 ZWISCHENRESÜMEE

Die Interviews offenbaren verschiedene Auffassungen darüber, was unter einem Technischen Zeichner, einem Konstrukteur und einem Produktentwickler zu verstehen ist. Dabei fällt es den Interviewpartnern schwer, die Begriffe klar zu bestimmen, wie sie selbst einräumen. Folgende Deutungs- und Argumentationsmuster kristallisieren sich heraus, wobei es zu diesen Einschätzungen auch immer gegenteilige Aussagen gibt. Daher würden wohl nicht alle Thesen auf einhellige Zustimmung der Befragten stoßen:

— Das Spektrum der Konstruktionsberufe reicht vom Produktentwickler über den Konstrukteur bis zum Detailkonstrukteur/Technischen Zeichner.
— Es gibt eine vertikale Differenzierung der Entwicklungs- und Konstruktionsaufgaben, die eine mehr oder weniger klare Hierarchie herausbildet: Der Zeichner/Detailkonstrukteur arbeitet auf Anweisung des Konstrukteurs, der Konstrukteur auf Anweisung des Produktentwicklers.
— Entsprechend unterscheiden sich die – im Folgenden stichwortartig formulierten – Anforderungsprofile der beiden Tätigkeitsbereiche:
  Produktentwicklung: Im Blick ist das gesamte Produkt(-system), wichtig ist der Überblick über all seine Funktionen, im Zentrum stehen die Kreation neuer Produkte, Ideengebung und Konzeptgestaltung, der Produktentwickler arbeitet eigenständig, zumeist mit Personalverantwortung (Projektleitung), er verfügt über mehr als nur Kompetenzen in der Konstruktion, sondern zeichnet sich durch eine Kunden-, Markt- und Unternehmensorientierung aus.
  Konstruktion: Im Fokus stehen einzelne Bauteile beziehungsweise Sonderanfertigungen. Es geht um Ideenumsetzung, Anpassung der Produkte an den Kundenauftrag, die Tätigkeit ist modellgestaltend bis detaillierend, der Konstrukteur arbeitet auf Anweisung und konzentriert sich auf die Konstruktion von Bauteilen im engeren Sinne.
— Produktentwickler sind in der Regel Universitätsabsolventen, Konstrukteure Fachhochschulabsolventen beziehungsweise Facharbeiter.
— Produktentwicklung ist mehr als Konstruktion, die Aufgaben befinden sich auch jenseits des Tellerrands der Konstruktionstechnik, sie gehen in Richtung Projekt- und Produktmanagement und betreffen auch unternehmensstrategische Fragen.
— Das Aufgabenfeld eines Konstrukteurs beziehungsweise Produktentwicklers hängt vom jeweiligen Unternehmen, seiner Größe und seiner Unternehmenskultur ab, die auch den Anweisungsgrad der verschiedenen Hierarchieebenen bestimmt. In kleinen Firmen beispielsweise übernimmt der Konstrukteur auch die Produktentwicklung. Bei größeren Unternehmen sind die Aufgaben viel detaillierter vorgegeben.
— Das Tätigkeitsprofil eines Konstrukteurs beziehungsweise Produktentwicklers wird vom technologischen Niveau des Produkts und damit von der Größe und Differenziertheit der Entwicklungs- und Konstruktionsabteilungen mit bestimmt.
— Schließlich ist die Arbeit eines Konstrukteurs beziehungsweise Produktentwicklers abhängig von den individuellen Kompetenzprofilen und den Gewohnheiten der Mitarbeiter. Entsprechend sind auch die Schnittstellen organisiert. Die Arbeitsteilung im Entwicklungs- und Konstruktionsprozess und damit die Gestaltung der Schnittstellen zwischen den Berufs- beziehungsweise Betriebspositionen orientieren sich

auch an den persönlichen Stärken und Interessen der Konstrukteure beziehungsweise Produktentwickler.

Die Übergänge zwischen den Bereichen Zeichnung, Konstruktion und Entwicklung sind fließend, die Schnittstellen sind unterschiedlich gesetzt. Manchmal deckt ein Ingenieur das gesamte Spektrum ab, mal gibt es eine klare Arbeitsteilung. Die Technik sei unheimlich komplex heute, führt ein Interviewpartner aus, man müsse sehen, wo man die Schnittstelle lege. Wenn man einen „Supertheoretiker" als Konstrukteur beschäftige, dann werde es ihm bei der Detailkonstruktion langweilig und er werde nicht zufrieden sein. Außerdem seien seine Konstruktionen nicht praxisgerecht, weil er sich mit der Fertigung gar nicht befassen möchte. In seiner Firma machten deshalb die (beruflich qualifizierten) Konstrukteure die mechanische Konstruktion praxisgerecht, und die theoretische Auslegung der Konstruktionen übernähmen die Ingenieure.

> Was unter Technischen Zeichnern, Konstrukteuren und Produktentwicklern zu verstehen ist und wie sie voneinander zu unterscheiden sind, hängt von verschiedenen Faktoren des jeweiligen Arbeitsumfeldes ab. Entsprechend gibt es hierüber keine einheitliche Meinung unter den Befragten.

5.3.6 KONSTRUKTION ZWISCHEN WISSENSCHAFT UND PRAXIS

Nur ein Befragter definiert den Konstrukteur als „Forscher par excellence". Ein anderer Interviewpartner versteht ihn als Wissenschaftler mit praktischem Hintergrund. Bereits in dieser Aussage wird der praktische Anspruch an die Konstrukteurtätigkeit deutlich. Einige sehen den Konstrukteur sowohl als Wissenschaftler wie auch als Praktiker: Er sei das „Bindeglied zwischen Wissenschaft und Praxis", er sei „ein wissenschaftlicher Praktiker". Er sei Wissenschaftler, weil sich seine Arbeit auf Theorien stütze, und er sei Praktiker, weil er sich aus pragmatischen Gründen auf das technisch Machbare konzentriere, sich nicht in Details verrenne beziehungsweise in die Tiefe gehen möchte.

Die meisten Interviewten begreifen indes den Konstrukteur beziehungsweise den Entwickler vornehmlich als Praktiker, der zwar die wissenschaftlichen Grundlagen beherrscht, sich aber sich in seiner Tätigkeit von Erfahrungen und Intuition leiten lässt, die für die Entwicklung und Konstruktion so wichtig seien. Wissenschaftlichkeit werde auch nicht erwartet, meint ein Befragter, denn der Wissenschaftler suche nach einem Kausalzusammenhang und wolle Wissen generieren, während der Konstrukteur oder Produktentwickler einfach nur Wissen anwenden möchte. Sie machten zwar auch Entwicklungsarbeit, meint ein anderer Befragter, es müsse aber am Ende ein Ergebnis, ein Produkt herauskommen. Sie betrieben keine Forschung um der Forschung willen. Es sei auch oft nicht die Zeit vorhanden, grundlegende Forschung wie an einer Hochschule zu betreiben. Der wissenschaftliche Ansatz sei in seiner Firma sehr gering, schildert ein weiterer Interviewpartner die Situation, da sie kurze Entwicklungszyklen und einen schnellen Wechsel von Aufträgen hätten. Daher setzten sie stark auf Praxis. Es sei sehr wichtig, dass die Konstrukteure wüssten, wie Teile hergestellt werden, zum Beispiel weil sie es schon selbst einmal gemacht haben – in der Lehre und in der beruflichen Tätigkeit. Deshalb habe seine Firma bislang nur Mitarbeiter eingestellt, die auch eine Lehre abgeschlossen hätten.

Im Betriebsablauf müssten schnell und unkompliziert Entscheidungen gefällt werden: Diese Bauchentscheidungen basierten auf beruflichem Erfahrungswissen; ein Neuling dagegen müsse erst die Literatur dazu studieren. „Das viel besungene Bauch- oder Ingenieurgefühl kommt da schon viel öfter zum Einsatz als Formelwerke." Dies findet der Interviewpartner auch richtig so: „Ein bisschen weniger wissenschaftlicher Muff und dafür ein bisschen mehr hemdsärmliches Praxisgefühl wäre schon gut." Wenn

Konstrukteure Erfahrung haben, so ein weiterer Befragter, dann müssen sie bei der Auslegung auch nicht alles nachrechnen.

Ein anderer Interviewpartner berichtet von der Entwicklungsarbeit in seiner Firma. Sie würden sehr viele Patente machen und seien sehr innovativ, obwohl sie keinen Mitarbeiter außer ihm hätten, der in der Forschung gearbeitet habe. Das liege an der Bereitschaft der Kollegen, vorhandene Dinge auf eine neue Art und Weise miteinander zu kombinieren und dies einfach auszuprobieren. Wenn es funktioniere, dann ließen sie es patentieren. Zu dieser Art zu denken, ein technologisches Problem zu erkennen und zu lösen, gehörten Gespür und Sensibilität. Ein Konstrukteur müsse sich die Frage stellen, wie das Produkt besser funktionieren könnte. Demnach muss es nicht unbedingt eine explizit wissenschaftliche Denkart sein, die innovative Konstruktionen fördert. Innovationen und Patente sind in dem geschilderten Fall nicht das Resultat eines expliziten Forschungsprozesses, sondern der Entwicklungs- und Konstruktionspraxis.

Fasst man die Aussagen zusammen, so ist festzustellen, dass fast einhellig der Konstrukteur als Praktiker verstanden wird, dessen Tätigkeit auf wissenschaftlichen Grundlagen aufbaut, der aber ein anderes Ziel als ein Wissenschaftler verfolgt, nämlich eine technische Lösung zu realisieren, die funktioniert und – dieser Anspruch ist explizit hinzugekommen – auch kostengünstig sein soll. Weil die Tätigkeit auf einer wissenschaftlichen Ausbildung aufbaut und weil sie anspruchsvoll ist, wird der Konstrukteur zuweilen als wissenschaftlicher Praktiker oder Ähnliches bezeichnet.

Relevant für diese Diskussion, ob der Konstrukteur mehr als Wissenschaftler oder mehr als Praktiker gelten kann, ist die Frage, was die Interviewpartner unter „Wissenschaftlichkeit" verstehen. Dabei stellt sich heraus, dass „wissenschaftlich" ein Etikett ist, das höherwertige Arbeiten adeln soll: Wissenschaftlich wird mit systematisch, anspruchsvoll, mathematisch, reflektiert und schöpferisch gleichgesetzt.

Wissenschaftliches Arbeiten hinterfragt, erkennt Zusammenhänge und wendet Theorien an.

Auf der anderen Seite ist der Begriff der Wissenschaftlichkeit auch weniger positiv besetzt. Wissenschaftlich steht für kompliziert, unpraktisch, umständlich, „trocken" und theoretisch – wobei die beiden letzten Adjektive fast synonym verwendet werden. Wissenschaftlichkeit wird als Gegensatz von Intuition und Bauchgefühl begriffen, das aber aus Sicht der Experten ebenfalls eine wichtige Rolle in der Konstruktionsarbeit einnimmt (siehe oben).

Wissenschaft sucht nach Wahrheit und Konstruktion nach Lösungen. Erfahrung und Bauchgefühl kürzen diese Analyse- und Entscheidungsprozesse radikal ab. Wissenschaftlichkeit kostet Zeit und Aufwand, der Nutzen ist nicht klar bestimmbar, und die Effekte sind nicht einfach zu kalkulieren. Angesichts der ökonomischen Zwänge muss folglich auf Erfahrung und Intuition gesetzt werden: „Das Wissenschaftliche ist meistens nicht einfach. Das Wissenschaftliche dient der Generierung von Wissen, aber nicht unbedingt der Generierung von Lösungen."

Auch wenn Forschung und Praxis als Gegensatzpaar auftreten, so gibt es doch Überschneidungen beziehungsweise Mischungen, die eine Trennung der beiden Welten schwierig machen. Ihren Ausdruck finden diese n der sogenannten praxisnahen Forschung, wie sie auch an den Hochschulen betrieben wird, und in der wissenschaftlich fundierten Praxis.

Die Frage, was im Gegenzug Praxis oder Praxisbezug heißt, ist mit einem Interviewpartner intensiver erörtert worden. Seines Erachtens heißt Praxisbezug, „theoretisches Wissen in die praktische Tätigkeit umsetzen zu können". Praxisbezug sei ein Wort aus seinem aktiven Wortschatz, aber wenn er weiter darüber nachdenke, dann wisse er gar nicht mehr, was damit gemeint sei. Wenn das, was sich in praktische Handlungen umsetzen lasse, und das, was eine Relevanz

Faszination Konstruktion

für die praktische Berufsausübung habe, als Praxisbezug gelte, dann hätte ja auch die Wissenschaftlichkeit eine gewisse praktische Relevanz. Spinnt man diesen Gedanken weiter, dann könnte man schlussendlich Wissenschaftlichkeit mit Praxisbezug gleichsetzen. Wissenschaft und Praxis wären dann keine Gegensätze mehr. Dies würde jedoch nicht der üblichen Wortbedeutung entsprechen, wie sie auch die Befragten kennen. So versteht ein anderer Interviewpartner unter Praxisbezug, dass die unterschiedlichen Fächer (Schwingungslehre, Festigkeitslehre, Thermodynamik) in Bezug zueinander gesehen und eingesetzt werden. Praxisbezug im Studium heiße, die Studenten ihr Wissen an realen Problemstellungen erproben zu lassen.

Analog zur Einschätzung der Aufgabenfelder und des Kompetenzprofils von Produktentwickler, Konstrukteur und Technischem Zeichner schwankt die Einschätzung der Konstrukteurtätigkeit zwischen Innovation und Kreativität (und damit der Betonung nicht-standardisierter Tätigkeiten) auf der einen Seite und einer Mischung aus standardisierten und nicht-standardisierten Tätigkeiten auf der anderen Seite. Die Ausübung gänzlich standardisierter Tätigkeiten wird dem Technischen Zeichner zugeschrieben, nicht aber dem Produktentwickler oder dem Konstrukteur. Wer den Konstrukteur allerdings als Nachfolger des Technischen Zeichners versteht, der sieht die Aufgaben des Konstrukteurs nur bei der Lösung von Standardaufgaben.

Die einen Befragten betonen die Innovativität der Konstruktionstätigkeit. Demnach arbeiten der Konstrukteur und der Produktentwickler selbstständig, sie erledigen in der Regel verschiedenartige, nicht-standardisierte Aufgaben. Sein Alltag sei kein Alltag, sagt ein Interviewpartner. Gefragt seien große Phantasie, ja Genialität. Produktentwicklung sei jedes Mal ein hoch kreativer Prozess.

Das Ausmaß der Standardisierung der Tätigkeiten, der Grad der Selbstständigkeit und die Bedeutung von Kreativität hängen zusammen. Die Einschätzung hängt von der Aufgabenstellung und dem zu konstruierenden Produkt ab: Neuentwicklungen sind weniger standardisiert, Auftragskonstruktionen im Sondermaschinenbau etwas mehr, da hier vorhandene Konstruktionen modifiziert werden.

Ein Interviewpartner unterscheidet in diesem Zusammenhang zwischen einem Entwickler, der auf einem weißen Blatt Papier auf der Grundlage einer Aufgabe ein technisches System designe, einem Konstrukteur, der das Ergebnis eines solchen Designs ausarbeite und in eine realisierbare Technik überführe, und schließlich einem Detailkonstrukteur, der die Einzelheiten ausarbeite und diese produktionsfertig mache. Wenn man den gesamten Produktentstehungsprozess betrachte, so führt er weiter aus, dann würden im Lauf dieses Prozesses Algorithmierbarkeit und Planbarkeit ständig besser, und im Gegenzug nähmen Kreativität und Gestaltungsfreiheit immer mehr ab. In der ersten Phase hätte man unbegrenzte Gestaltungsfreiheit. Bis zum schlüssigen Konzept sei diese Phase nicht gut planbar. Dagegen könne ein Konstrukteur, der aus einem groben Konzept Teile konstruiere, in gewissem Maße nach Plan arbeiten, er wisse, was er zu tun habe. Er müsse aber noch alle technischen Gegebenheiten prüfen und sein Konzept in funktionierende Technik umsetzen. Dabei gebe es noch Umsetzungsrisiken; da käme noch viel Berechnungs- und Simulationsarbeit mit ins Boot, und es könne zu Iterationsschleifen kommen, die ein gewisses Planungsrisiko darstellten. Am Ende kämen der Detailkonstrukteur und der Zeichner. Die verübten beide Tätigkeiten, die planbar seien – auch bei komplexen Bauteilen. Da sei relativ wenig Kreativität, jedoch erhebliches Fachwissen hinsichtlich der technischen Machbarkeit, der fertigungstechnischen Sinnfälligkeit und der Wirtschaftlichkeit der Konstruktion nötig.

Der kreative Prozess am Anfang des Entwicklungsprozesses ist demnach sehr frei und nicht-standardisiert. Im Lauf der weiteren Konkretisierung werden die Freiheitsgrade immer geringer, standardisierte Tätigkeiten gewinnen im Verlauf immer mehr Gewicht. Produktentwickler, die neue

Konzepte und Modelle erfinden, führen eher nicht-standardisierte Tätigkeiten aus. Die normgerechte Detaillierung des vorliegenden groben 3D-Modells sei hingegen Fleißarbeit, so ein Interviewpartner. Dazu sei auch viel Erfahrung erforderlich, damit das Ganze dann auch fertigungs- oder montagegerecht sei.

Wie hoch der Standardisierungsgrad sei, hänge auch vom jeweiligen Auftrag ab, so ein Befragter. Außerdem erarbeite man sich gewisse Lösungen, bewährte Konzepte, die man weiterverwende und weiterentwickle, berichtet ein anderer Interviewpartner. Man fange also nicht immer bei „Adam und Eva" an. Es gibt allerdings auch einen Trend, bei der Entwicklung neuer Produkte bestehende Standardkomponenten neu zu kombinieren und dabei auf vorhandene standardisierte Modelle zurückzugreifen.

> Über den Stellenwert von Wissenschaft und Praxis der Konstruktionstätigkeit gibt es divergierende Auffassungen. Die meisten Interviewten begreifen den Konstrukteur beziehungsweise den Entwickler vornehmlich als Praktiker, der die wissenschaftlichen Grundlagen beherrscht beziehungsweise beherrschen sollte.

5.3.7 IMAGE UND STATUS DES KONSTRUKTEURBERUFS

Geht es um die Reputation und Anerkennung des Berufs, dann wird sowohl in der Gesellschaft als auch in der Selbstwahrnehmung der Betroffenen nicht deutlich zwischen Konstrukteur und Ingenieur beziehungsweise Maschinenbauer unterschieden. Die einen meinen, dass der Konstrukteur als Beruf in der Gesellschaft relativ unbekannt sei, da werde auch nicht zwischen Produktentwickler, Konstrukteur und Ingenieur unterschieden, das falle alles unter den Begriff Maschinenbauer oder Ingenieur. Bekannt sei der Maschinenbauer oder noch allgemeiner der Ingenieur. Beide sind aus Sicht von Befragten in der Gesellschaft anerkannt.

Diese Zuschreibung entspricht im Übrigen auch dem Selbstbild mancher Interviewpartner. So stellt sich ein Befragter nach eigenen Worten nicht als Konstrukteur vor, sondern er bezeichnet sich als Maschinenbauer, Ingenieur oder Maschinenbau-Ingenieur. Andere vermuten, dass auch der Konstrukteur in der Gesellschaft generell hoch angesehen sei. Das liege daran, dass das Konstruieren ja „die hohe Kunst des Ingenieurs" sei; er würde Dinge schaffen, „die es zuvor nicht gegeben hat".

Wiederum andere meinen, dass in der Gesellschaft Ingenieure und Techniker weniger angesehen seien, insbesondere im Vergleich zu anderen Berufsgruppen oder Akademikern, wie beispielsweise Ärzte, Juristen oder Piloten. Das liege an der generellen Technikfeindlichkeit oder am Bild der Ingenieure als „Nerds" mit „Karohemd" und „Brille". Ein Befragter konstatiert einen großen Unterschied zwischen der Einschätzung des Konstrukteurs im Unternehmen und in der Gesellschaft.

In der Firma sei der Konstrukteur hoch anerkannt, meint ein Interviewpartner, weil er eine komplizierte Tätigkeit ausübe und weil das Produkt dieser Tätigkeit für den Unternehmenserfolg verantwortlich sei: 80 Prozent der Kosten seien durch die Konstruktion festgelegt. Letztere Einschätzung ist öfter zu hören. Auf der anderen Seite kann der Konstrukteur aufgrund dieser entscheidenden Position in der Firma für Probleme (zum Beispiel bei der Serienfertigung der Konstruktion) oder gar für Misserfolge verantwortlich gemacht werden, was für diesen schon ein Risiko sei, so ein Interviewpartner. Er trägt also im positiven wie negativen Sinne eine hohe Verantwortung: Der Konstrukteur habe „einen unheimlichen Impact auf den Erfolg des Unternehmens", so der Befragte. Fehler von Konstrukteuren haben gravierende Auswirkungen auf den Produktentstehungsprozess. Dann müsse man komplett von vorne anfangen, meint ein anderer Interviewpartner. „Der Konstrukteur ist der Prügelknabe für alle", fasst ein weiterer Interviewpartner diese Risikolage zusammen. Insbesondere gilt dies für

Faszination Konstruktion

den Abschluss des Konstruktionsprozesses. Wenn er eine neue Aufgabe bekomme, dann fühle er sich als Gestalter, je mehr er zum Ende komme, werde er zum Prügelknaben, zitiert er einen Kollegen.

Die Rolle des Konstrukteurs sei abhängig von der Größe des Unternehmens, meint ein Interviewpartner: In kleinen Firmen habe er ein besseres Image, in größeren Firmen spiele er eine untergeordnete Rolle, hier seien auch die Produktentwickler und -manager vertreten. Und im Vergleich zum Konstrukteur befinde sich – so die Einschätzung eines anderen Befragten – der Entwickler höher in der Image-Hierarchie: „Der Entwickler ist der König."

Der Stellenwert und die Anerkennung des Konstrukteurs hängen folglich von der jeweiligen Firma und von deren Produkten ab. Versteht sich die Firma als Technologieführer, hat sie eine große Entwicklungsabteilung, genießt er mehr Anerkennung. Weil sie „ein sehr technologielastiges Unternehmen" seien, hätten die Entwickler und Konstrukteure in seiner Firma ein sehr hohes Ansehen, so ein Befragter. Das Ansehen der Konstrukteure sei auch höher als das der Vertriebsingenieure, so die Einschätzung eines anderen Interviewpartners, weil man „der Vater seines Produktes" sei; das werde durchaus anerkannt und honoriert.

Eine gewisse Konkurrenzsituation innerhalb der Firma besteht laut den Aussagen zwischen den Sparten Produktion und Konstruktion. Zwei Welten prallen hier offenbar aufeinander. Konstrukteure seien aus der Sicht der Produktion diejenigen, die mal mit dem richtigen Leben zusammenkommen müssten, also mit der Produktion, und Konstrukteure selbst seien der Auffassung, dass ohne Konstruktion im Unternehmen nichts ginge, so ein Befragter. Man höre ab und an so etwas von einem Fachidioten, ein bisschen der dröge Typ, „der Schreibtischtäter, der sich nicht so richtig in die Produktion traut". Vielleicht ist diese Diskrepanz ein Erbe vergangener Jahrzehnte? In den 1970er Jahren gab es eine klare Unterscheidung zwischen der Gruppe der Konstrukteure mit den weißen Kitteln und der Gruppe der Produktionsleute mit den blauen Kitteln. Wenn man mit den Mechanikern spreche, so ein anderer Befragter, dann sagten diese, die Konstrukteure dächten nicht nach. Dann müsse der Versuchsingenieur beschwichtigen und beteuern, dass in der Konstruktion auch viel „Gehirnschmalz" stecke.

Welche Vorstellung die Studierenden bei der Wahl zwischen dem Konstruktions- und dem Produktionszweig im Studienverlauf hätten, erläutert ein befragter Studiendekan: Der Konstrukteur sei gewissenhaft, ein Tüftler, ein Intellektueller, der am liebsten in kleinen Gruppen arbeite. Der Mann aus der Produktion hingegen improvisiere, arbeite gerne in Teams und sei ein Pragmatiker. Offenbar haben die Studenten bestimmte – beinahe stereotypische – Bilder vom Konstrukteur im Kopf.

Unter den Ingenieuren scheint es eine gewisse informelle Hierarchie und Reputationsunterschiede zu geben, die sich auch in den Firmen widerspiegeln. Generell hätten innerhalb der „Ingenieursgilde", so ein Interviewpartner, Konstrukteure einen gehobenen Status. Die Techniker und Mechaniker, also diejenigen, die rechneten, glaubten, sie seien „nahe an der Wissenschaft", sie seien „schon fast Physiker". Und danach in der Hierarchie kämen die Konstrukteure. Der Technologe sei wiederum in der Hierarchie gegenüber dem Konstrukteur zurückgesetzt. Technologie könne man lernen, zum Beispiel Metallverarbeitung oder Produktionstechnik. Konstruktion dagegen müsse man „draufhaben".

Die Reputation der Konstrukteure und Produktentwickler in den Firmen wird grundsätzlich als hoch eingeschätzt, wobei eine gewisse Konkurrenz zwischen den Entwicklungs-, Produktions- und Vertriebsingenieuren sowie den Managern in den Firmen festzustellen ist. Die Einschätzung, welchen Ruf der Konstrukteur in der Gesellschaft hat, schwankt zwischen den Polen Hoch- und Missachtung sowie vermuteten Stereotypen. Generell scheint der Konstrukteur in der Gesellschaft als Berufsbild offenbar kaum bekannt zu sein – im Gegensatz zum Ingenieur oder Maschinenbauer.

5.3.8 KÜNFTIGE TÄTIGKEITSFELDER UND ANFORDERUNGEN

Was macht der Konstrukteur der Zukunft? Welche neuen Tätigkeitsfelder und Aufgaben werden sich ergeben? Welche Anforderungen werden an ihn gestellt? Festgestellt wurde, dass eine Beschleunigung des Konstruktionsprozesses stattfindet – bedingt auch durch den technischen Fortschritt der Konstruktionshilfsmittel CAD und FES (Finite-Elemente-Software). Es müssten, so ein Interviewpartner, immer komplexere Produkte in immer kürzerer Zeit durch das Unternehmen geschleust werden. Dabei, so ein anderer Befragter, weise der Weg von der Konstruktion in die Produktion immer weniger Zwischenschritte auf.

Bei aller Veränderung gibt es eine Konstante: Nicht grundsätzlich verändern würden sich, so die Prognose, die Prinzipien des methodischen Konstruierens. Ändern würden sich allerdings die Randbedingungen, unter denen ein Konstrukteur arbeitet, die Technik und die Produkte, diese unterlägen schließlich einem ständigen Wandel.

Für einige Befragte rückt der Anspruch der Nachhaltigkeit und des Umweltschutzes immer mehr ins Zentrum der Tätigkeit der Konstrukteure. Es gehe darum, von Vergeudung der Ressourcen zu vermeiden, so ein Befragter, es sei der gesamte „Lebenszyklus" des Produkts zu beachten – auch im Sinne einer Ganzheitlichkeit: von der Konstruktion eines Produkts über die Fertigung bis zur Entsorgung und Wiederverwertung. Wir hätten viele Probleme zu lösen, meint ein anderer Interviewpartner, die aber nicht auf dem methodischen Gebiet lägen, sondern sich auf die gesellschaftlichen Anforderungen konzentrierten. Die Randbedingungen, unter denen der Konstrukteur arbeite, hätten sich stark gewandelt und seien deutlich wichtiger geworden. So rücke beispielsweise „umweltgerechtes Konstruieren" in den Vordergrund. Dies müsse, fordert ein weiterer Interviewter, auch im Studium vermittelt werden.

Darüber hinaus nannten die Interviewpartner ingenieurwissenschaftliche Kenntnisse jenseits der Konstruktionslehre im engeren Sinne, die für die Entwicklungs- und Konstruktionsarbeit immer wichtiger würden:

— Kenntnisse der Fertigungstechnik
— Kenntnisse der Elektrotechnik und Mechatronik
— Informatik- und Programmierkenntnisse
— Kenntnisse der Materialwissenschaft und Werkstoffkunde

Der Anteil an sonstigen Aufgaben wie Angebotsprojektierungen, Kalkulationen, Dokumentationen und insbesondere Dienstleistungen habe in den letzten 15 Jahren zugenommen und werde weiter zunehmen. Im Gegenzug dazu habe der Anteil der eigentlichen Entwicklungs- und Konstruktionsarbeit permanent abgenommen.[40] Letztere betrage, so ein Firmenvertreter, heute deutlich weniger als die Hälfte der Arbeitszeit; dies sei eine Ressource, die es zu heben gelte. Um wirklich aktiv zu konstruieren, hätten sie kaum noch die Zeit, meint ein anderer Befragter, dazu bräuchte man viel Ruhe, er selbst würde nur noch Bauteile analysieren, Vorschläge zur Konstruktion machen und entsprechende Konstruktionsaufträge vergeben. Dennoch müsse man auch in Zukunft zeichnen können, so ein anderer Interviewpartner.

Darüber hinaus wurde die zunehmende Bedeutung folgender Themen genannt:

— Kundenorientierung und Dienstleistung rund um das Produkt
— Kostenabschätzung und Kostenbewusstsein
— ganzheitliches Denken und Handeln.

Zunehmend findet eine Entgrenzung der Entwicklungs- und Konstruktionsarbeit statt. Die Übergänge zu anderen Technikfeldern sowie zu nicht-technischen Bereichen werden fließender. Entsprechend werden neue „konstruktionsferne" Kompetenzen an Bedeutung gewinnen.

---

[40] Dazu gibt es auch eine Publikation des Interviewpartners: Leyendecker 2011.

5.3.9 ZUKUNFT DES DEUTSCHEN MASCHINENBAUS

Welche Chancen hat der Maschinenbau, insbesondere Produktentwicklung und Konstruktion, perspektivisch in Deutschland? Die Diskussion dreht sich um Fragen der Kosten und der Preise, um „over-engineering", das meint einen Qualitätsanspruch an Produkte deutscher Ingenieurkunst jenseits der Kundenanforderungen, versus „good enough quality" beziehungsweise „design to cost", also letztlich um Kostendruck und internationale Konkurrenzfähigkeit. Wir sind, sagt ein Interviewpartner, mittlerweile auf einem technisch so hohen Level angekommen, dass riesige Sprünge weniger zu erwarten seien. Deshalb müsse das Bestehende so umkonstruiert werden, dass es kostengünstiger produziert werden könne; der Anspruch müsse sein, die gleiche Qualität zu geringeren Kosten zu bekommen.

Eine gegenteilige Erfahrung macht ein anderer Interviewpartner in seinem Unternehmen. Sie würden Produkte in einem Profisegment entwickeln und konstruieren. Produktqualität stünde hier über niedrigen Kosten. Generell seien, rät ein anderer Befragter, die deutschen „Grundtugenden" von Konstruktion und Fertigung zu pflegen und nicht nur Management zu betreiben.

Die Chance für Deutschland sieht ein anderer Befragter in der Fähigkeit, Maschinen für spezielle Anwendungen zu entwickeln. Kundenindividuelle Produkte müssten daher schneller konstruiert, produziert und in Betrieb genommen werden können. Dann würde der Preis auch eine untergeordnete Rolle spielen.

In die gleiche Richtung argumentiert ein weiterer Interviewpartner: Eine Entwicklung werde sein, dass der Serienstandardmaschinenbau an asiatische Anbieter verloren gehe, die große Serienproduktion werde tendenziell nach Asien gehen. Deutschland werde demzufolge mehr der Spezialist für hochtechnisierte Produkte. Daher sei eine starke Produktentwicklung wichtig – sowohl im konstruktiven Bereich als auch in der Steuerungstechnik.

Kein Technologieunternehmen schaffe es, mit einer reinen Kostenführerschaft am Markt erfolgreich zu sein, meint ein anderer Interviewpartner. Deutsche Produkte stünden nicht für günstig, sondern für ein gutes Preis-Leistungsverhältnis oder für innovativ. Diese Erwartungshaltung an deutsche Produkte hätten die Konstrukteure zu erfüllen. Sie merkten, führt er weiter aus, dass eine Differenzierung immer weniger über mechanische Komponenten stattfinde, weil im mechanischen Bereich, in dem früher Meisterleistungen von Konstrukteuren erbracht wurden, immer mehr – auch aufgrund des Kostendrucks – Standardkomponenten (Wälzlager, Motoren etc.) verwendet würden, die aber jedes Unternehmen – so auch in China oder Brasilien – einbaue. Wenn man sich über die Mechanik immer weniger differenzieren könne, worüber dann, fragt er. Seine Antwort lautet, dass die Produkte aus Deutschland intelligenter werden müssten. Sie bauten mehr Sensorik, mehr Mechatronik, mehr Elektronik, mehr Software ein. Sie böten ihren Kunden einen Mehrwert, einen „added value", durch eine intelligentere Maschine. Diese Beobachtung würden viele Maschinenbauer machen. Die Mechanik sei aufgrund der weitweiten Standardkomponenten die gleiche. Da bringe es auch nichts, selbst Wälzlager herzustellen, weil es da einen Wälzlagerhersteller gebe, der seine Produkte weltweit anbiete.

An technischen Innovationen mangelt es dabei offenbar nicht. Deutschland sei „Weltmeister im Patentieren, aber nicht im Bauen", stellt ein anderer Interviewpartner fest, wir müssten lernen, unsere Erfindungen auch in Produkte für den Markt umzusetzen und damit Geld zu verdienen.

> Auf der einen Seite steht der hohe Anspruch an die Qualität von Produkten deutscher Ingenieurkunst, auf der anderen Seite wird das hohe Kostenniveau in Deutschland problematisiert. Chancen werden in der technologischen Spezialisierung und im Sondermaschinenbau gesehen.

5.4. STUDIUM UND WEITERBILDUNG

5.4.1 NOTWENDIGE KENNTNISSE UND FÄHIGKEITEN VON KONSTRUKTEUREN

Im Frageblock zu Studium und Weiterbildung geht es zunächst um die Kompetenzen von Konstrukteuren: Welche Fähigkeiten und Kenntnisse muss ein Absolvent im Studium erworben haben, um als Konstrukteur arbeiten zu können?[41] Welche Rolle spielt hierbei die Grundlagenausbildung? Die Einschätzung zum Stellenwert der Grundlagenvermittlung im Studium schwankt zwischen „nicht so wichtig, weil diese ohne Praxisrelevanz vermittelt und in der Berufspraxis tatsächlich nicht benötigt werden" und „wichtig, weil die Basis der beruflichen Tätigkeit, ohne die nichts geht und die auf keinen Fall zu vernachlässigen, sondern eher noch auszubauen ist". Eine einheitliche Bestimmung dessen, was unter Grundlagen verstanden werden soll, gibt es dabei nicht. Die einen nennen die naturwissenschaftlich-mathematischen Grundlagen, also Physik, Chemie und vor allem Mathematik. Insbesondere die mathematischen Grundlagen würden wichtiger werden, meint ein Befragter mit Blick auf die numerische Berechnungsverfahren, das intellektuelle Niveau werde höher und die Aufgaben deutlich analytischer. Andere zählen zu den Grundlagen auch die Mechanik und Thermodynamik oder alles, was im alten Diplom-Grundstudium vermittelt wurde, und wiederum andere meinen damit alle Grundlagen der Technik, also auch Fächer wie Tribologie.

Einige Befragte betonen die Wichtigkeit der Grundlagenausbildung für den Beruf: Es sei eine essenzielle Voraussetzung, dass Konstrukteure eine solide theoretische Wissensbasis mitbrächten. Ein anderer Interviewpartner spricht sich ebenfalls für eine möglichst gute „theoretische Grundlage" aus, die das Studium bilden sollte. Darunter fasst er Mathematik, Mechanik, numerische Mathematik („falls man programmieren möchte"). Sicherlich benötige man für die Konstruktionsausbildung die Grundlagen, meint ein weiterer Befragter, Probleme der Mechanik und der Maschinendynamik bekäme man ohne höhere Mathematik nicht gelöst, außerdem bräuchten Konstrukteure „ein gesundes Verständnis für physikalische Zusammenhänge". Ganz wichtig sei, betont wiederum ein anderer Interviewpartner, dass wir die Grundlagen nie aus den Augen verlören.

Kein Befragter behauptet, dass Grundlagen überhaupt nicht wichtig wären. Vielmehr gehört das Bekenntnis zu den Grundlagen zum Selbstverständnis der Technikwissenschaft. Das Urteil „nicht-wissenschaftlich" würde eine Entakademisierung und damit eine Degradierung der eigenen Ausbildung und Tätigkeit bedeuten. Allerdings wird Kritik am Umfang der Grundlagen und insbesondere an der Umsetzung im Studium geübt. Einige Befragte mit Universitätsabschluss berichten davon, dass sie „Theorie" – und damit meinen sie die Grundlagen – im Studium gemacht hätten, ohne zu wissen, warum. Sie hätten nur für die Klausuren gelernt, die oftmals schwierig zu bestehen gewesen seien. Manche seien dabei beinahe gescheitert, a) weil das Niveau zu hoch gewesen sei und b) weil ihnen die Paukerei sinnlos vorgekommen sei. Sie beklagen die im Studium und auch später im Beruf wahrgenommene berufspraktische Irrelevanz von derartigen Kompetenzen beziehungsweise den mangelnden Praxisbezug im Studium. Es besteht allerdings ein generelles Bewertungsproblem, was auch erkannt wird: Ob man ein Grundlagenfach später im Beruf braucht, kann man erst sagen, wenn man diesen ausübt. Daher fällt es schwer zu beurteilen, was tatsächlich wichtig und was unwichtig ist.

Mathematisch-naturwissenschaftliche Kenntnisse seien insoweit wichtig, so ein Interviewpartner, damit man mit

---

[41] Die Frage nach den einzelnen Kompetenzen und deren Relevanz für die Konstruktionsarbeit wurde bereits in der elektronischen Befragung den Konstrukteuren an den Universitäten gestellt (siehe Kapitel 3). Mit der dort gewählten standardisierten Befragungsform ließen sich die einzelnen Kompetenzbereiche systematisch abfragen. In den Experteninterviews wurden dagegen die einzelnen Punkte nur sporadisch angeschnitten und vertieft.

den Prinzipien vertraut sei, ein Konstrukteur müsse sie aber nicht so vertieft beherrschen wie ein Berechnungsingenieur, er müsse jedoch wissen, wie die Maschine funktioniere, die er konstruiere. Ein anderer Interviewpartner fasst dieses Anforderungsbild zusammen: Ein Konstrukteur müsse die Grundzüge der Mechanik verstanden haben, Physik rudimentär, Chemie sei relativ untergeordnet, „Mathematik natürlich, klar", Werkstoffkunde sollte er ein bisschen kennen, das gehöre zum Handwerkszeug, und Thermodynamik – je nach Einsatzbereich – mehr oder weniger.

Generell brauche man nur einen Bruchteil von dem, was man in der Hochschule in Mathematik gelernt habe, stellt ein Interviewpartner fest; ein anderer Befragter meint sogar, dass man nur zehn Prozent von dem, was man im Studium gelernt habe, im Beruf anwenden könne, wichtig sei das generelle technische Verständnis, man brauche „dieses technische Grundgefühl". Ein anderer wollte die Anforderungen differenziert wissen, es gebe viele Aufgaben (wie beispielsweise die Simulationstechnik), wo man „mathematisch unglaublich beschlagen" sein müsse, und es gebe Aufgaben, bei denen man mit seinem Grundstudiumswissen ganz schön weit komme. Deshalb falle es ihm schwer zu sagen, das sei wichtig und das sei unwichtig.

Vor dem Studium habe er, so ein Interviewpartner, die Vorstellung gehabt, dass er als Maschinenbauer die Maschinen komplett verstehen werde, nach zwei Jahren sei er ernüchtert gewesen, er habe begriffen, dass sich der Maschinenbau der Naturwissenschaften nur bediene. Das, was sie an höherer Mathematik gemacht hätten, sei für einen Mathematiker ja nur lächerlich; sie würden die Mathematik ja nur anwenden.

Wissenschaftliche Grundlagen müssten vorhanden sein, fordert ein Interviewpartner. Er denke allerdings, dass die alten, an der Universität noch stark vertretenen Fächer Technische Mechanik und Dynamik mit Sicherheit reduziert werden könnten. Die Auslegungen würden dem Konstrukteur vom System abgenommen. Der Konstrukteur müsse wissen, was da passiere. Da könne er von seinem Studium erzählen, sie hätten diese Auslegungen „gebetsmühlenartig" lernen müssen. Man brauche dies in der Praxis aber nicht. In den Mechanikfächern könnte etwas weggekürzt werden, weil die Technik hier viel übernehme. Man müsse nicht die fünfte Ableitung eines Integrals berechnen können.

Ähnlich argumentiert ein anderer Befragter. Vielleicht könne die Grundausbildung etwas zusammenstrichen werden, vieles habe er davon später nicht mehr gebraucht. Dies wisse man natürlich vorher nicht, es hänge nämlich davon ab, wo man beruflich lande. Im naturwissenschaftlichen Bereich, wie zum Beispiel Chemie und Physik, brauche man aber nicht so viel, wie er damals erdulden musste. Für die Berechnung von Tragflächen dagegen benötige man mehr Mathematik und Thermodynamik.

Zentral in der Diskussion um die notwendigen Kompetenzen von Konstrukteuren sind EDV-Kenntnisse. Seit Mitte der 1990er Jahre fand ein tief greifender Wechsel in der Konstruktionsarbeit statt. Von dieser Entwicklung berichten mehrere Befragte. Noch vor einem Vierteljahrhundert wurde ausschließlich auf Papier skizziert und konstruiert. Heute ist Konstruktion rechnergestützte Arbeit. Die Entwicklung ging von zweidimensionalen CAD-Programmen hin zu 3D-CAD-Systemen. Dieses Werkzeug sei seit ungefähr zehn Jahren verfügbar, berichtet ein Interviewpartner, und seit fünf Jahren flächendeckend im Einsatz – abhängig von Branche und Unternehmen.

Die Einschätzung der Wichtigkeit der CAD-Kenntnisse korreliert mit den jeweiligen Vorstellungen zur Entwicklungs- und Konstruktionsarbeit. Sie hängt auch unmittelbar mit der Auffassung zusammen, wie das Verhältnis von Wissenschaftlichkeit und Praxisbezug sowie von Grundlagen und Anwendung gestaltet sein soll. Entweder werden CAD-Kenntnisse als eine der zentralen Kompetenzen von Konstrukteuren angesehen: Die Programme und der

Rechner sind das Handwerkszeug, und ohne eine tiefe Instrumentenkenntnis ist Konstruktionsarbeit undenkbar. Oder sie werden als Qualifikation verstanden, deren Funktionsprinzipien man im Grundsatz verstanden haben muss, jedoch nicht die Feinheiten ihrer Anwendung. Ähnliches gilt auch für die computerunterstützten Rechenprogramme (so die Finite-Elemente-Software).

Als Konstrukteur werde man auch schnell Projektleiter, berichtet ein Interviewpartner; der Anteil der Zeit am Rechner werde demzufolge immer geringer, der Charakter der Arbeit verlagere sich dann mehr in Richtung Projektmanagement. Mehr noch: Die Arbeit am CAD wird von manch einem als Degradierung aufgefasst – so wie es offenbar in Frankreich üblich ist, wie ein Interviewpartner berichtet: Dort fände es ein Universitätsabsolvent unter seiner Würde, sich an ein CAD-System zu setzen. Denn in Frankreich habe jemand, der an einem CAD arbeite, eine nicht-akademische Qualifikation.

Divergent sind hingegen die Meinungen darüber, ob man per Hand mit Tusche und Papier zeichnen können beziehungsweise dies lernen sollte. Parallel dazu variieren die Einschätzungen zu den CAD-Systemen, also der Software, die es ermöglicht, elektronisch zu zeichnen. Die eine Frage ist, was im Studium hiervon gelernt werden soll und was nicht. Dass es ohne die Programme nicht mehr gehe, darüber herrscht unter den Befragten Einigkeit. Die umstrittene Frage ist indes, wie detailliert die Software von den Studenten beherrscht werden muss. Und die weiter reichende Frage ist, welche Auswirkung welches Arbeitsmittel auf die Konstruktionsarbeit hat.

Die älteren Interviewpartner scheinen das Zeichnen auf Papier besonders wichtig zu finden. Es sei „eine ganz wichtige Tugend", die das räumliche Vorstellungsvermögen verbessere, so ein Befragter. Doch auch befragte Absolventen (also durchaus jüngere Interviewpartner) finden das Skizzieren per Hand sinnvoll. Das gilt offenbar auch für die Auslegung von Bauteilen, wie ein anderer Befragter erklärt: Der Konstrukteur müsse dimensionieren, also abschätzen können, wie groß oder klein ein Bauteil sein sollte. Das sei eine Sache der Übung, aber auch der Berechnung. Wer da nicht mit dem Kopf mitrechnen könne, der tue sich als Konstrukteur sehr schwer.

Gewarnt wird vom schönen Schein der CAD-Ergebnisse und davor, dass die Konstruktion nicht voll durchgedacht werde, dass man gar durch die technischen Hilfsmittel „verdorben" werde, weil man nicht mehr verstehe, was man da tue. Allerdings ist dies auch eine Zeitfrage und angesichts der Beschleunigung der Konstruktionsprozesse kaum zu realisieren.

Die Expertensysteme (Tools) gäben beim CAD-Zeichnen Hilfestellung, so ein Interviewpartner, der Konstrukteur wisse aber nicht mehr, ob das nun richtig oder falsch sei, weil hinter der Software so viel mehr Know-how stecke, als er selbst habe und als ein Einzelner je sammeln könne. Man stecke „geistig nicht mehr so tief in der Maschine drin" wie früher, meint ein anderer Befragter, man benötige heute auch weniger Vorstellungsvermögen, das würde das 3D-System übernehmen.

In seiner Ausbildung habe man mit Bleistift und Papier konstruiert, erzählt ein Befragter. Wenn man Fehler gemacht habe, dann habe man radieren müssen. Die Software heute nehme einem viel von den handwerklichen Tätigkeiten ab. Das ginge alles blitzschnell – schneller als man denken könne. Obwohl das Ergebnis sehr gut aussehe, könnten darin jedoch mehr Fehler enthalten sein. Ähnlich argumentiert ein anderer: Die moderne EDV verleite dazu, dass man schlampiger arbeite und vorher zu wenig überlege. Mit Tusche müsse jeder Strich sitzen; Fehler wegzuradieren sei aufwändig, bei größeren Fehlern müsse neu gezeichnet werden, was viel Arbeitszeit koste. Es gibt aber auch die Meinung, dass die elektronischen Techniken viel besser als Handzeichnungen seien, darin stecke mehr Wissen, als ein Einzelner je sammeln könne.

Ob nun mit der Hand oder mit dem Computer konstruiert wird, hängt auch von den persönlichen Vorlieben, Gewohnheiten und Stärken der jeweiligen Entwickler beziehungsweise Konstrukteure ab: Der eine entwerfe erst einmal per Hand, der andere setze sich gleich an das CAD-System, berichtet ein Interviewpartner. CAD sei ja im Grunde nur eine Visualisierung, der Konstrukteur müsse schon selbst überlegen, welche Kräfte vorhanden seien und welche Bedingungen aufgrund von welchen Kräften gebraucht würden, relativiert ein Interviewpartner den Stellenwert der CAD-Programme.

Hinsichtlich der Frage, welche Kenntnisse und Kompetenzen für die Konstrukteurs- und Entwicklungsarbeit vonnöten sind, gibt es vielfältige, zum Teil auch divergente Einschätzungen und Vorschläge. Dies betrifft insbesondere das Verhältnis von Grundlagen und praktischer Technik, aber auch die Rolle der EDV, insbesondere der CAD-Systeme, im Konstruktions- und Entwicklungsprozess.

5.4.2 BERUFSQUALIFIZIERUNG UND PRAXISRELEVANZ

Korrespondierend mit der Diskussion, inwiefern Kenntnisse in den Grundlagenfächern für die Konstruktionsarbeit vonnöten sind, wird – allerdings nur von einem Befragten – bei den Absolventen ein Mangel eben jener Kompetenzen konstatiert. Einige der berufstätigen Konstrukteure (Absolventen wie Firmenvertreter) haben wiederum Zweifel an der Grundlagenausbildung. Der Hauptkritikpunkt lautet, dass hier etwas gelernt werde, ohne zu verstehen, warum und zu welchem Zweck – und auch später im Berufsleben würde sich dieser Zweck nicht immer erschließen.

80 bis 90 Prozent des Universitätsstudiums seien sehr theorielastig, schätzt ein Interviewpartner: Naturwissenschaften, Thermodynamik, Physik und Chemie sowie Mathematik. Seiner Einschätzung nach hätten sie im Studium Vorlesungen gehabt, die zu theoretisch gewesen seien.

Auch seine Kommilitonen wären der Meinung gewesen, dass niemand etwas aus der Thermodynamik oder der höheren Mathematik mitgenommen habe. Er habe mit einer sehr guten Note abgeschlossen, sei immer einer der sehr guten Studenten gewesen. Wenn man aber nach zehn Minuten nur noch Bahnhof verstehe, dann könne man sich die Vorlesung auch sparen. Es sei dann auch besser, statt einem hoch bezahlten Professor, der einen unverständlichen Theorievortrag hält, einen wissenschaftlichen Assistenten, einen promovierten Ingenieur, vortragen zu lassen, der sich auf die Grundlagen dieses Fachs beschränke und den Studenten das Grundverständnis beibringe.

Ähnlich kritisch fällt auch der Bericht eines anderen berufstätigen Konstrukteurs aus. Es hätte einige Fächer im Studium gegeben, in denen er gelernt habe, die Klausuraufgaben zu lösen, und es hätte einige wenige Fächer gegeben, in denen er verstanden habe, welche Relevanz diese für die praktische Technik hätten. Das sei für ihn Praxisbezug: Dass man nicht nur die Theorie losgelöst von jeglicher Anwendung verstehe, sondern auch begreife, wie man damit technische Probleme – und nicht nur Klausuraufgaben – lösen könne. Für ihn selbst und seinen beruflichen Werdegang würde die Theorie keine Rolle mehr spielen, während ihm das praktische technische Verständnis durchaus in Erinnerung geblieben sei. Er hätte sich gewünscht, er hätte mehrere solche Fächer und mehrere solche Dozenten gehabt, die einem erklären könnten, warum man einen theoretischen Hintergrund brauche, um eine technische Entwicklung weiterzutreiben. Das „Erden der Theorie an Beispielen", fasst er zusammen, sei in seinem Studium zu kurz gekommen.

Wesentlich positiver schätzen die Studenten und Absolventen des dualen Studiums dessen Praxisbezug ein – wobei dieses Urteil auch stark von der auszubildenden Firma abhinge, wie eingeschränkt wird. Die kleinen Konstruktionen seien in der Firma in die Praxis umgesetzt worden, die Lehrinhalte würden sich konkret auf ihre Arbeit beziehen; das sei ein großer Vorteil. Im Gegensatz dazu habe man im normalen Studium den ersten Praxiskontakt erst sehr spät – im neuen Studiengang erst im siebten Semester, früher im Diplom im fünften Semester. Die Relevanz mancher Lehrinhalte sei den Studenten erst nach der Praxisphase klar geworden – auch wenn ihnen diese Verbindungen bereits in den Veranstaltungen zuvor vermittelt worden seien. Es kommt demnach auf das Erleben der Praxis und weniger die Vermittlung der Praxisrelevanz in den Lehrveranstaltungen an.

Die Frage Wissenschaftlichkeit versus Praxisbezug ist ein zentraler Aspekt der Studiengangsgestaltung. Die Studenten und Absolventen von der Fachhochschule sind mit dem Verhältnis zwischen Wissenschaftlichkeit und Praxisbezug in ihrem Studium grundsätzlich zufrieden und halten dieses für austariert, wobei es auch hier den Wunsch nach mehr Technik und weniger Grundlagen gibt. Die Universität sieht hier ein Befragter in einem Dilemma, sie müsse ja mehrere Ansprüche abdecken: Leute für die Industrie und für die Wissenschaft ausbilden. Weil er eher der praxisorientierte Typ sei, sei ihm das Studium einen Tick zu „theorielastig" gewesen. Er würde 20 Prozent von der Theorie abschneiden und diese Studienanteile der Praxis hinzufügen. Ein Beispiel sei die Elektrotechnik. Da habe er nur sehr wenig mitgenommen, obwohl das Fach für die Berufspraxis sehr wichtig sei. Weil die Veranstaltungen zur Elektrotechnik auf einem sehr hohen mathematischen Level gehalten worden seien, habe er das Fach als Maschinenbauer kaum verstanden. Er hätte sich gewünscht, dass beispielsweise die verschiedenen Motoren vorgestellt worden wären, dass man diese auseinandergebaut und deren Funktionsweisen kennengelernt hätte.

Zum Verhältnis von Wissenschaftlichkeit und Praxisbezug in Studium und Beruf berichtet ein Interviewpartner von seinen persönlichen Erfahrungen und stellt vorab klar, dass er einige Jahre als wissenschaftlicher Mitarbeiter an der Universität gearbeitet habe, also tatsächlich wissenschaftlich ausgebildet sei. Erstaunlich sei nun, dass man seine wissenschaftliche Vorgehensweise in dem Augenblick ablege, in dem man Produktverantwortung übernehme. Es sei das Gefühl, dass Wissenschaftlichkeit zeitaufwändig und nicht effektiv sei, so dass man sich sogar gegen ein methodisches Vorgehen wehre. Studenten würden ihre Methoden von der Universität mitbringen und auch anwenden. Gestandenen Kollegen gegenüber würde man sich aber kaum trauen, diese zu thematisieren oder gar deren Verwendung anzuregen, weil man befürchte, man werde dann ausgelacht. Unter dem Zeitdruck und dem Druck der Verantwortung habe man das Gefühl, dass eine derartige systematische Vorgehensweise nicht schnell genug ans Ziel und letztlich auch nicht zu besseren Ergebnissen führe. Im Studium müsse man deshalb auf diesen subjektiven Einschätzungswandel vorbereitet werden, dass man im Beruf Schwierigkeiten haben werde, wissenschaftliche Methoden anzuwenden.

Wie wichtig Praxiserfahrungen sind, betonen mehrere Interviewpartner. Diese würden den Berufseinstieg erleichtern, eine Firma stellt gar nur Absolventen mit Praxiserfahrungen ein. Das Studium müsse eng angelehnt sein an die Praxis, meint ein Befragter, dieser Praxisbezug werde an den heutigen Absolventen vermisst.

Der Studienabschluss wird von einem Interviewpartner als eine Art Führerschein bezeichnet, der zum Fahren berechtige, aber das Fahren lerne man erst, nachdem man den Führerschein erworben habe. Die produktspezifische Schulung laufe im Betrieb, mehr noch: richtig ausgebildet würden Konstrukteure erst dort. Ein junger Mensch, der fertig ausgebildet sei als Ingenieur, sei noch kein Konstrukteur, meint denn auch ein anderer Befragter.

Sehr unterschiedlich ist die Einschätzung, wie lange es tatsächlich dauert, bis ein Absolvent voll in seinen Konstruktionsjob eingearbeitet ist und dort selbstständig tätig sein kann. Sie reicht von wenigen Wochen bis acht Jahren. Diese Angaben sind natürlich auch abhängig vom Grad der Arbeitsteilung, dem technischen Niveau und der Komplexität des Produkts sowie von der individuellen Aufgabenstellung, insbesondere jedoch von der Motivation des Berufsanfängers und seiner Begeisterung für Produktentwicklung. Einerseits stoßen die langen Einarbeitungsfristen auf Unverständnis – ein Befragter spricht in diesem Zusammenhang von „lamentieren" –, andererseits ist die Rede von einer notwendigen produktspezifischen Ausbildung.

Ein wichtiger Aspekt taucht in der Beurteilung des Studiums und der Ausbildung zum Konstrukteur immer wieder auf: Berichtet wird von einer Art Selektionsfunktion mancher Grundlagenfächer im Grundstudium, um – wie ein Befragter es ausdrückte – die „Spreu vom Weizen zu trennen". Es werden nicht immer dieselben Fächer genannt, häufig ist allerdings das Grundlagenfach Mathematik dabei. Auch die Physik als Filterfach wird in diesem Zusammenhang genannt, ebenso die Chemie. Die in diesen Fächern des Vordiploms aufgebauten hohen Hürden führten dazu, dass derjenige, der das universitäre Diplom-Grundstudium geschafft habe, sich seines Abschlusses sicher sein könne. Diese Filterfunktion sei in das neue gestufte Studium übernommen worden. Die Prüfungen fungierten offenbar nicht nur als Leistungsfilter, sondern auch als eine Art Persönlichkeitstest. Es stellt sich die Frage, was hier getestet werden soll – das Leistungsvermögen oder die Frustrationstoleranz der Studierenden? Wenn die Studenten die „härteren" Klausuren an der Universität bestünden, argwöhnt ein Interviewpartner, hätten sie bewiesen, dass sie sich in etwas hineinknien können, aber nicht, dass sie es wirklich verstanden hätten. In diesem Sinne ist auch von den ingenieurwissenschaftlichen „Angstfächern" die Rede. Befragte berichten von stumpfsinnigem Auswendiglernen und gebetsmühlenhaftem Lernen für die Klausur – nur aus einem einzigen Grund: damit man die Prüfung absolviert habe und so der Weg zum Abschluss frei sei.

> Die Diskussion um die Ausbildung des akademischen Konstrukteurs beziehungsweise Produktentwicklers dreht sich oftmals um das Verhältnis von Theorie/Grundlagen und Praxis beziehungsweise von Wissenschaftlichkeit und Praxisbezug.

> Hinsichtlich der Frage, was im Studium gelehrt beziehungsweise gelernt werden soll, divergieren die Auffassungen stark: Die einen meinen, dass das Studium der geeignete Ort der Grundlagenvermittlung ist; die anderen halten die Grundlagenvermittlung – so wie sie traditionell an den Hochschulen betrieben wird – für nicht zielführend.

5.4.3 UNTERSCHIEDE ZWISCHEN FACHHOCHSCHULE UND UNIVERSITÄT

Einen direkten Vergleich zwischen dem Fachhochschul- und dem Universitätsstudium haben die Studiendekane an den Fachhochschulen, wobei deren Universitätsstudium schon etwas länger zurückliegt, und die Bachelor-Absolventen, die ein Master-Studium belegen. Im Zuge seines beabsichtigten Wechsels an die Universität stellte ein Interviewpartner fest, dass er mehr Mathematik bräuchte, das sei auch der Unterschied zwischen Fachhochschule und Universität, das Fachhochschulstudium sei schon „sehr gut praxisorientiert" ausgerichtet. Die Klausuren an der Universität seien härter als an der Fachhochschule. Die Universitätsstudenten bewiesen dadurch aber nur, dass sie sich in irgendwas hineinknien könnten, sie bewiesen jedoch nicht, dass sie es wirklich verstanden hätten. An der Fachhochschule ginge es mehr darum, etwas mitzunehmen. Die Universität vermittle mehr Grundlagen, die Fachhochschule mehr Praxis, so lautet das Resümee. Mehr Wissenschaftlichkeit als in der Bachelor-Phase biete das Master-Studium an der Fachhochschule.

Das Wort „praxisorientiert" fällt dementsprechend häufiger, wenn Fachhochschulprofessoren die Spezifik des Fachhochschulstudiums im Vergleich zum universitären Studium beschreiben. Fachhochschulabsolventen seien eher Praktiker, Universitätsabsolventen verfügten über ein bisschen mehr Theorie. Konzepte entwickeln, validieren, beschreiben – das könne ein Universitätsabsolvent besser, meint ein Interviewpartner. Universitätsabsolventen hätten eher den Überblick und arbeiteten eher konzeptionell, Absolventen aus der Fachhochschule dagegen wären praxisorientierter, detaillierter, zielorientierter und direkter. Eine Firma brauche beides. Eine explizite Arbeitsteilung gebe es aber nicht.

Einen direkten Vergleich zwischen Fachhochschul- und Universitätsabsolventen haben auch diejenigen Firmenvertreter, in deren Konstruktions- und Entwicklungsabteilungen beide Gruppen vertreten sind. Auch hier sind wieder divergierende Einschätzungen festzustellen. Die einen sehen relevante Unterschiede, die anderen nicht. Die Fachhochschulabsolventen seien in der Herangehensweise etwas pragmatischer und in den Grundlagen bei Weitem nicht so gut ausgebildet wie die Universitätsabsolventen, berichtet ein Interviewpartner. Im Durchschnitt könne man von ihnen nicht so viel wie von einem Universitätsabsolventen erwarten. Letzterer sei durchaus in der Lage, mit Schwingungsdifferenzialgleichungen zu hantieren, er könne sich schneller und besser mit neuen Randbedingungen auseinandersetzen und arrangieren. Mit dem letzten Satz ist offenbar das Anforderungsprofil beschrieben, das von universitären Konstrukteuren verlangt wird. So fordert ein Befragter, dass der universitär ausgebildete Ingenieur auch in der Lage sein müsse, gänzlich neue Lösungen zu entwickeln, durchzurechnen und auf ihre Umsetzbarkeit zu überprüfen. Die Fachhochschulen bildeten demgegenüber anwendungsorientiert aus, die Universitäten eher forschungsorientiert. Anwendungsorientiert heiße, dass bewährte Lösungen gelehrt und angewandt werden. Es gebe also einen Unterschied zwischen Routinekonstruktionen und tatsächlich innovativen Konstruktionen. Ein Studium an der Universität befähige dazu, die innovativen Konstruktionen zu schaffen, sie durchzurechnen und deren Validität abzusichern.

Keine Divergenzen stellt hingegen ein anderer Firmenvertreter fest, der Unterschied zwischen Fachhochschule und Universität sei im Blindvergleich kaum festzustellen – jedenfalls in dem Bereich, in dem er Fragen stelle. Er suche auch keine Strömungsmechaniker, sondern Leute, die Spaß hätten, mechanische Baugruppen zu konstruieren. Offenbar hängt demnach die Einschätzung der Absolventen davon ab, welche Arbeitsaufgabe ihnen gestellt wird.

Divergente Aussagen der Interviewpartner zeugen von unterschiedlichen Praktiken und „Kulturen" in den Unternehmen: Innerhalb der Firmen sei keine Arbeitsteilung und entsprechende Gehaltsdifferenz zwischen Fachhochschul- und Universitätsabsolventen festzustellen. Doch, wird von anderen konstatiert, es gebe beides. Und schließlich wird behauptet, es fände eine versteckte Ungleichbehandlung zwischen beiden Gruppen statt. Zwei Befragte berichten wiederum, dass nicht die Abschlussart, sondern die individuelle Kompetenz des Mitarbeiters entscheidend sei.

Ein Befragter mit Universitätsabschluss hat den Eindruck, dass der klassische Konstrukteur eher aus dem Bereich Berufsakademie oder Fachhochschule komme und daher auch mehr Praxis habe. Deshalb fehle allerdings auch die innovative Komponente, weil in der Ausbildung an der Berufsakademie und an den Fachhochschulen das eigene Denken, dieser innovative Schritt über das Bekannte hinaus, nicht so wie an der Universität gefördert werde. Ähnlich ist auch der Eindruck eines anderen Interviewpartners: Auffällig sei, dass die Fachhochschulabsolventen noch mehr den Hang zum Konstrukteur hätten als die Leute von der Universität, die eher in Richtung Produktentwicklung gingen. Für ihn sei der Produktentwickler auch eher der Projektleiter und der Produktmanager, der sich mit vielerlei Aspekten bei der Produktentwicklung beschäftigen müsse, während der Konstrukteur allein für rein fachliche Aufgaben im technischen Bereich zuständig sei.

Wenn also explizit zwischen Konstrukteur und Produktentwickler unterschieden wird, dann wird an der Fachhochschule der Konstrukteur und an der Universität der Produktentwickler ausgebildet. Die Verengung des Fachhochschulstudiums auf den Konstrukteurberuf stößt aber auch auf Missfallen. Die Fachhochschulen wollten nicht nur den Konstrukteur ausbilden, sondern allgemein den Maschinenbauer.

Einem Studium im Bereich Konstruktion und Entwicklung an der Universität wird tendenziell mehr Wissenschaftlichkeit, einem Studium an der Fachhochschule mehr Praxisorientierung bescheinigt. Über die Frage, wie stark sich die Absolventen beider Hochschultypen tatsächlich voneinander unterscheiden, herrscht unter den Befragten kein Konsens.

5.4.4 ERGÄNZUNGS- UND VERBESSERUNGSVORSCHLÄGE ZUR KONSTRUKTIONSAUSBILDUNG

Wenn nach Vorschlägen gefragt wird, mit welchen Inhalten beziehungsweise Kompetenzen das „Konstrukteurstudium" zu ergänzen sei, dann ist nicht verwunderlich, wenn daraus eine mehr oder weniger lange Wunschliste resultiert. Diese Anregungen korrespondieren zum einen mit den erwarteten zukünftigen Tätigkeitsfeldern von Konstrukteuren und zum anderen mit den konstatierten notwendigen Kompetenzen von Hochschulabsolventen.

Bei der Beantwortung der Frage nach nötigen fachlichen Ergänzungen gehen die Interviewpartner zum Teil von ihren individuellen Bedürfnissen beziehungsweise den Anforderungen ihres Arbeitsplatzes aus:[42]

— Kenntnis von 3D-CAD-Programmen (wie beispielsweise Computer Aided Three-Dimensional Interactive Application, CATIA)
— Kenntnis der Sicherheitsnormen und Maschinenrichtlinien
— Kenntnis von Testverfahren für Prototypen und Produkte
— Kenntnisse von nicht-mechanischen Steuerungs- und Antriebstechniken (Mechatronik, Sensorik und Aktorik sowie Pneumatik)
— anwendungsbezogene Informatik- und Programmierkenntnisse
— Kreativitätstechniken
— Kompetenzen in Management und Personalführung
— chemische Kenntnisse

Wie oben schon festgestellt wurde, vermissen einige Befragte den Praxisbezug der Studieninhalte und die konkreten Praxiserfahrungen im Studium. Das Studium müsse eng angelehnt sein an die Praxis, und eben dieser Praxisbezug werde bei den heutigen Absolventen vermisst, meint beispielsweise ein Interviewpartner. Vorschläge, wie dies tatsächlich im Rahmen der Studiengangsgestaltung realisiert werden kann, gehen in Richtung „betreutes Üben" beziehungsweise Projektstudium. Dies könne man durch mehr Projektarbeiten verstärken, so ein Befragter, wie das auch in anderen Fächern üblich sei. Bislang gebe es nur die Studien- und Diplomarbeit. Hier erhalte man eine Aufgabestellung mit einem festen Abgabetermin. Auch Praktika in den Firmen seien wichtig, sagt ein anderer Interviewpartner – auch um auch die „soziale Komponente", den Umgang mit den Leuten, zu erlernen.

Bei gegebener Studiendauer könne es ein Mehr an Übungen, Praktika und Projektarbeiten nur auf Kosten der Vermittlung der theoretischen Grundlagen geben, räumt ein Interviewpartner ein. Das ginge natürlich letztlich zu Lasten der Vollständigkeit. Er glaube aber, dass dieser Anspruch auf Vollständigkeit sowieso nicht zu halten sei. Da sei es doch besser, man löse exemplarisch praktische Probleme – auch mit Hilfe von Theorie –, als dass man die gesamte Theorie lerne und nicht wisse wofür.

Ein Vorbild, wie ein Projektstudium aussehen könnte, gibt der studentische Wettbewerb „Formula Student".[43] Hier

---

[42] Insbesondere die beiden letztgenannten Punkte der Liste sind den speziellen Bedürfnissen der jeweiligen Interviewpartner geschuldet und damit kaum verallgemeinerbar – wie die Befragten auch selbst anmerken. Die meisten der genannten Punkte erheben jedoch den Anspruch auf Verallgemeinerung.
[43] Siehe: http://www.formulastudent.de/.

tun sich Gruppen von Studierenden auf freiwilliger Basis zusammen und führen ein gemeinsames Projekt vom Anfang bis zum Ende durch. Dazu gehört auch, sich um die Finanzierung und um das Projektmanagement zu kümmern. Er habe zwei Semester an dem Formula Student-Wettbewerb teilgenommen, erzählt ein Interviewpartner. Da ginge es darum, dass Teams von 30 bis 60 Leuten einen kleinen Rennwagen bauten. Man finge mit einem weißen Papier an und habe ein Dreivierteljahr später ein fahrendes Auto. Aus diesem Projekt habe er viel mitgenommen. Im Studium mache man dieses Erfolgserlebnis eines realen, selbst konstruierten Produkts nicht, meint ein anderer Befragter; selten würden Konstruktionen von den Studenten auch gebaut werden. Mehr noch: Er habe bislang nur ganz selten eine richtige Maschine selbst konstruiert, stellt ein anderer Interviewpartner fest. Wichtig sei jedoch dieses Gefühl, dass man etwas entstehen lasse und auch sehe, wie es läuft. Was im Studium fehle, sei, dass man mal wirklich zeichne, baue und sehe, wie es funktioniere. Die meisten Ingenieure würden diese Erfahrung jedoch nicht machen können. Ein Projekt wie Formula Student sollte nicht nur auf Freiwilligenbasis laufen, sondern integraler Bestandteil des Studiums werden, fordert ein anderer Befragter. So etwas Projektartiges müsse man im Studium gemacht haben, meint auch ein weiterer Interviewpartner, vielleicht müsse das Projekt nicht ganz so aufwändig sein wie die Beteiligung am Formula Student-Wettbewerb.

In der Berufspraxis arbeiten Konstrukteure an Projekten. Deshalb wird das Studium in Projektform auch für sinnvoll gehalten. Die Arbeit in Projekten verlangt aber nicht nur technische und nicht-technische Kompetenzen, sie hat auch eine „psychologische Komponente". Erstens benötigt man Durchhaltevermögen, zweitens merkt man oftmals, dass der gesetzte Zeitrahmen nicht reicht, und drittens erkennt man, dass man sich sehr schnell von der im Studium erlernten wissenschaftlichen Methodik als Arbeitsweise in Projekten unter Zeit- und Verantwortungsdruck verabschiedet.

Einige Befragte betonen, wie wichtig es sei, dass die Hochschulen, insbesondere die Universitäten, zu selbstständigem Denken und Handeln ausbildeten. Dieses für das deutsche Ingenieurstudium so zentrale Anliegen dürfe nicht durch eine Verschulung konterkariert werden, es sollten das Denken und nicht Handlungsanweisungen gelernt werden, wünscht sich ein Interviewpartner. Mit der Verschulung ginge der ganzheitlich gebildete Universitätsabsolvent, der selbstständig Probleme identifiziere und löse, verloren, kritisiert ein anderer. Negativbeispiel sei das Studium an den amerikanischen Colleges, dort laufe es ab wie in der Schule, da werde alles vorgekaut, man verlerne das selbstständige Denken, berichtet ein weiterer Befragter. Die deutsche universitäre Ausbildung böte dagegen einen sehr hohen Grad an eigenständigem Denken. In diesem Sinne wünscht sich ein weiterer Interviewpartner auch mehr Wahlmöglichkeiten zu einem früheren Zeitpunkt im Studienverlauf und nicht erst drei Jahre nach Studienbeginn. Ein breites Angebot hierzu sei an seiner (früheren) Hochschule auch vorhanden.

> Es werden vielfältige Vorschläge zur fachlichen Verbesserung und Ergänzung des Studiums gemacht. Dabei gehen die Interviewpartner zum Teil von ihren individuellen Bedürfnissen beziehungsweise den Anforderungen ihres Arbeitsplatzes aus. Hinsichtlich der curricularen Gestaltung des Studiums werden mehr projektstudienartige Anteile gefordert.

5.4.5 WEITERBILDUNG VON KONSTRUKTEUREN

Die Interviewpartner wissen um die Bedeutung von Weiterbildung und von lebenslangem Lernen. Nach zehn Jahren im Unternehmen, schätzt ein Befragter, seien die Ingenieure nicht mehr auf dem Stand der neuesten Methoden. Den Absolventen müsse auch von Seiten der Hochschulen bewusst gemacht werden, dass man sich um Weiterbildung bemühen müsse, so ein anderer Interviewpartner. Er müsse gestehen, so ein weiterer Befragter, dass

Faszination Konstruktion

die Weiterbildung auf fachlichem Gebiet in seiner Firma „stark verkümmert" sei. Zwar stelle das bislang kein Problem dar, es könne aber sein, dass das Unternehmen vielleicht große Vorteile hätte, wenn es mehr Weiterbildung anbieten würde. Ein weiterer Interviewpartner bemängelt grundsätzlich das Fehlen einer geordneten, bekannten und etablierten Möglichkeit für Akademiker, sich berufsbegleitend weiterzubilden, wie dies in den USA Normalität sei. Weiterbildung sei in den Firmen zu institutionalisieren; dafür müssten auch die entsprechenden Rahmenbedingungen geschaffen werden. In manchen Großunternehmen in Deutschland sei dies bereits etabliert, Nachholbedarf sehe er bei den kleineren Unternehmen.

Die Fachbereiche der Hochschulen selbst könnten aus Kapazitätsgründen keine Weiterbildungskurse anbieten, auch wenn sie dazu im Hochschulgesetz verpflichtet seien, bemerkte ein befragter Studiendekan. Dazu seien die grundständigen Studiengänge zu stark ausgelastet (an der Fakultät bis zu 170 Prozent). Ein anderer Hinderungsgrund sei, meint ein anderer, dass es dafür kein Geld gebe. Ein weiterer Studiendekan berichtete davon, dass die Kollegen aus abrechnungstechnischen Gründen nicht an der eigenen Hochschule, sondern an einer externen Einrichtung Kurse geben würden.

Aus Sicht der Firmen bieten die Hochschulen kaum Weiterbildung an beziehungsweise kooperieren nur wenig. Ein Verbandsvertreter mahnt denn auch an, dass das Weiterbildungsangebot der Hochschulen verbessert werden müsse. Weil aber die Weiterbildung sehr produktspezifisch und anwendungsbezogen ausgerichtet sei, hält ein anderer Befragter die Hochschulen diesbezüglich nicht für die geeigneten Einrichtungen.

Meist wird in den Firmen problem- und projektspezifische Weiterbildung angeboten, also auf konkrete Sachverhalte bezogen: auf ein neues Produkt, ein neues Bauteil, ein neues Software-Update. Insbesondere wird kontinuierliche Weiterbildung am Rechner betrieben, hier lernen die Mitarbeiter, neue Software beziehungsweise Software-Tools zu bedienen, so zum Beispiel die regelmäßig erscheinenden Updates der Zeichen- und/oder Berechnungssoftware (zudem auch SAP und Excel). Dies wird von einigen Befragten so berichtet. Die Ansprüche sind hier durchaus verschieden; so hält ein Interviewpartner Software-Schulungen für keine Weiterbildung, sondern schlicht für eine Selbstverständlichkeit.

Weiterbildung findet denn auch weniger im Bereich der Grundlagen statt. Diese seien bereits im Studium zu legen, die aufgabenbezogene Weiterbildung sollte, so ein Interviewpartner, hierauf aufbauen. Eine Ausnahme bildet ein Veranstaltungsprogramm für ausgewählte Kooperationspartner einer Hochschuleinrichtung. Engagiert in der „Grundausbildung" sind einige Unternehmen allerdings im Bereich beruflicher Bildung (Auszubildende und Weiterbildung zum Techniker beziehungsweise Konstrukteur). Schließlich ist die Beteiligung von Firmen an dualen Studiengängen ein deutlicher Hinweis auf die „grundständigen" Qualifikationsbemühungen seitens der Unternehmen.

In den Firmen werden individuelle Weiterbildungspläne mit den Mitarbeitern vereinbart. Wie diese ausgestaltet werden, hängt von den jeweiligen Anforderungen beziehungsweise dem Bedarf des Unternehmens sowie den Defiziten und Interessen der Betroffenen ab. Für Mitarbeiter mit Personalverantwortung und den Führungskräftenachwuchs werden entsprechende Managementseminare angeboten.

Großunternehmen sind im Bereich Weiterbildung ihrer Mitarbeiter offenbar aktiver als kleine Firmen. Hier sind entsprechende Strukturen institutionalisiert. Generell ist zu vermuten, dass Ausmaß und Institutionalisierung von Weiterbildungsmaßnahmen von der Größe des jeweiligen Unternehmens abhängen – und von dessen technologischem Niveau beziehungsweise Anspruch.

Weiterbildung wird grundsätzlich als wichtig erachtet. In der tatsächlichen Umsetzung scheint es aber große Unterschiede zwischen den Betrieben zu geben. Die angebotene Weiterbildung ist zumeist problem- beziehungsweise projektspezifisch ausgerichtet.

5.4.6 VISION EINER IDEALEN AUS- UND WEITERBILDUNG VON KONSTRUKTEUREN

Bei der Diskussion um die ideale Aus- und Weiterbildung geht es immer auch um das Verhältnis von Theorie (Grundlagen) und Praxis. Den Studenten sollten erstens, so ein Befragter, in den Vorlesungen die Grundlagen vermittelt werden, um das Fach vom Grundprinzip her zu verstehen und um ihnen zu zeigen, wofür es gebraucht werde. Dann könnten sich die Studenten selbst die Tiefen des Fachs erarbeiten. Zweitens sollte in den „Schlüsselfächern", wie zum Beispiel Elektrotechnik, die zwar als Nebenfächer mitliefen, jedoch für die Berufspraxis sehr wichtig seien, ein größerer Praxisbezug hergestellt werden. Die Studenten sollten hier beispielsweise erfahren, welche Vor- und Nachteile bestimmte Motoren hätten. Die Theorie werde in solchen Nebenfächern sowieso schnell vergessen. Drittens die „Ontop-Praxis-Komponente": Konstruktionen sollten tatsächlich gebaut werden. Diese drei Punkte mit dem bestehenden Studium zu kombinieren – so stellt sich dieser Interviewpartner eine gelungene Mischung von studienreformerischen Maßnahmen vor.

Ein anderer Interviewpartner möchte hingegen Theorie und Praxisphase stärker trennen: Ideal wäre es, wenn man den Ingenieuren und den Konstrukteuren die Grundlagen vermittle und das Erlernen des Praxiswissens ins Unternehmen verlagere. Das wollten aber weder die Politik noch die Unternehmen hören. Die Absolventen sollten vielmehr gleich produktiv werden, wenn sie in die Firmen kämen. Nun sei aber die Zeit im Studium so knapp bemessen, dass diese Semester genutzt werden sollten, um die Grundlagen zu erlernen. Die beruflichen Praxiserfahrungen sollte dann erst durch „learning by doing" im Beruf erworben werden. Dieses Vorgehen würde die Qualität der Ausbildung erhöhen; langfristig wäre dies nach Ansicht des Interviewpartners die bessere Lösung.

Die Vision eines idealen Studiums plus Weiterbildung ist nicht nur eine Frage der Inhalte, sondern insbesondere auch der Struktur des Studiengangs. Zu klären ist, welche Inhalte welchen Platz und in welchem Umfang im Studiengangcurriculum erhalten sollten und wie das Verhältnis von Studienumfang und Studiendauer beschaffen sein sollte. Darin liegt offensichtlich das strukturelle Grundproblem des Maschinenbaustudiums: Eine Fakultät beziehungsweise ein Fachbereich käme in den Konflikt zwischen dem, was man gerne vermitteln würde, und der (sinnvoller) Begrenzung des Studiums auf eine bestimmte Semesteranzahl, meint ein Interviewpartner, dies sei die „Zwickmühle" der Studienreform. Es sei schwierig, über den Fächerkanon, also über das, was der Maschinenbauer für das Berufsleben brauche, zu entscheiden. Hinzu kämen einzelne Lehrende, die gerne mehr Lehrveranstaltungen ihres Fachs im Studienplan unterbringen würden. Nicht nur zwischen den Fächern, sondern auch zwischen dem nötigen Erwerb von Praxiserfahrungen im Studium und der Studiendauer sei, so ein anderer Befragter, ein gesunder Kompromiss nötig.

Trotz der vielen Kritikpunkte am Studium und an der ungenügenden Qualifikation der Absolventen wird von den Befragten schließlich das deutsche Ingenieurstudium hoch gelobt – insbesondere auch im internationalen Vergleich. So wird die Ausbildung in Deutschland gegenüber jener in den USA oder im Vereinigten Königreich als besser eingeschätzt. Dort sei das Studium zwar erfreulich pragmatisch ausgerichtet und die Studierenden zum Teil mathematisch sehr geschult, aber insgesamt mangle es an Selbstständigkeit und analytischer Kompetenz. Gewarnt wird deshalb auch vor einer Art angelsächsischer Verschulung im deutschen Ingenieurstudium.

Ein Interviewpartner schlägt eine stufenweise Ausbildung als idealen Weg vor: Erst sollte eine Berufsausbildung absolviert und dann über den weiteren Weg entschieden werden, also ob eine berufliche Weiterbildung zum Konstrukteur oder ein akademisches Bachelor-Studium eingeschlagen werde. Diejenigen, die dann über einen Bachelor-Abschluss verfügten, könnten dann entscheiden, ob sie ein Master-Studium anschließen. Von den 20 Prozent, die einen Bachelor machten, nimmt der Befragte an, würden 20 Prozent einen Master hinzufügen.

Gegen diese sequenzielle Ausbildung spricht sich indirekt ein anderer Befragter aus, der vor seinem Studium einen Beruf erlernt hat. Er sei nach dem Studium „drauf und dran" gewesen zu promovieren, hält sich aber heute – bedingt durch die Lehrzeit – dafür zu alt. Im Nachhinein betrachtet, resümiert er, hätte er gleich studieren und dann promovieren und keine Lehre machen sollen.

Viele der Interviewpartner, die ein duales Studium absolvieren beziehungsweise absolviert haben, halten ihren eigenen Ausbildungsweg für ideal. Sie haben auch diese Art von Studium sehr bewusst ausgewählt. Schon während ihres Studiums machen sie Praxiserfahrungen, und zwar in dem Betrieb, in dem sie später auch dauerhaft beschäftigt sind, kommen daher ohne Einarbeitungsprobleme in den Job. Außerdem schafft der integrierte Berufsabschluss Anerkennung bei den Facharbeitern.

Gegen das duale Studium spricht, dass es kaum Wahlmöglichkeiten aufweist; die Ausbildung ist weniger breit angelegt. Die Passung in die eigene Firma ist sehr gut, die Ausbildung ist darauf zugeschnitten. Kritik wird von den Befragten, wenn überhaupt, nur sehr indirekt geäußert. Ob diese Art der firmenzentrierten Ausbildung auch eine eingeschränkte berufliche Wechselmöglichkeit implizieren könnte, wird nicht thematisiert – auch deshalb nicht, weil die Absolventen persönlich nicht die Erfahrung gemacht haben. Insbesondere die ersten zwei Jahre stellen eine Art Härteprobe für die dualen Studenten dar, da Studium und Ausbildung in einer Sechs-Tage-Woche parallel laufen. Wer diese Phase bestanden habe, der sei auch bei den Arbeitgebern anerkannt, meint ein Interviewpartner. Die starke zeitliche Belastung geht allerdings zu Lasten des Privatlebens. Vermisst wird denn auch das schöne Studentenleben. Jedoch sind die dualen Studenten nicht gezwungen, ihren Unterhalt in fachfremden Studentenjobs zu verdienen, die ebenfalls Zeit kosten.

Schließlich stellt sich die Frage nach dem Sinn oder Unsinn der beruflichen Ausbildung im Rahmen des dualen Studiengangs. Warum muss das Zertifikat eines Ausbildungsberufs erworben werden, wenn parallel dazu ein (höherwertiger) Hochschulabschluss angestrebt wird? Die Antwort der Befragten erstaunt: Mit dem Lehrberuf steige das Ansehen bei den „Malochern", auf diese Weise könne der Ruf als „Fachidiot" vermieden werden. In den Augen der Kollegen vom Band, so ein anderer Interviewpartner, wisse ein Konstrukteur mit Berufserfahrung, wovon er rede, und produziere nicht nur „heiße Luft". Ein ausgedehntes Praktikum hätte allerdings, so ein weiterer Befragter, einen ähnlichen Effekt.

> Die Vorstellungen der Interviewpartner von einer idealen Aus- und Weiterbildung fallen sehr unterschiedlich aus. Sie reichen von einer konsekutiven Ausbildungsstruktur über das duale Studium bis hin zu einer umfassenden Umgestaltung der Studiencurricula. Obgleich die Vorschläge erhebliche Änderungen mit sich brächten, wird auch Zufriedenheit über die deutsche Ingenieur- und damit auch Konstrukteurausbildung im internationalen Vergleich geäußert.

5.5 BERUF UND BESCHÄFTIGUNG

5.5.1 GEHÄLTER VON KONSTRUKTEUREN

Zwei befragte Absolventen stellen fest, dass der Verdienst zu Beginn ihrer Berufskarriere als Konstrukteur beziehungsweise Produktentwickler relativ gut sei. Dann steige jedoch die Kurve weniger steil an als bei anderen Berufsgruppen. Weil jede Firma darauf achten müsse, dass sie ihre guten Ingenieure halte, würden – so ein weiterer Interviewpartner – auch hohe Leistungszulagen bezahlt. Weil die Einarbeitungszeit sehr lange dauere, sei es in erfahrungsgeprägten Branchen wichtig, berichtet ein weiterer Befragter, die Mitarbeiter zu halten, daher müssten sie auch gut bezahlt werden.

Die Erfahrungen der Interviewpartner hinsichtlich der Gehaltsunterschiede zwischen Beschäftigten mit Fachhochschul- und mit Universitätsabschluss sind geteilt: Von einigen Befragten werden keine Gehaltsunterschiede festgestellt, höchstens versteckt. In vielen Firmen ist der Tarifvertrag ERA (Entgelt-Rahmenabkommen) bestimmend: Bezahlt werde demgemäß nach Tätigkeit. Ein Interviewpartner konstatiert leichte Unterschiede im Gehalt zwischen Fachhochschul- und Universitätsabsolventen. Diese würden sich jedoch mit den Jahren angleichen. Schließlich wird auch von Befragten über unterschiedliche Bezahlungen in den Firmen berichtet.

Zu den Gehaltsunterschieden zwischen beruflich und akademisch qualifizierten Konstrukteuren gibt es ebenfalls unterschiedliche Erfahrungen. Bezahlt werde nach Tätigkeit; seine Firma mache keinen finanziellen Unterschied zwischen beruflich und akademisch qualifizierten Konstrukteuren, berichtet ein Interviewpartner. Anders in dem Unternehmen eines anderen Befragten. Dort erhielten die Universitätsingenieure ein höheres Gehalt als die Konstrukteure aus der Fachhochschule oder die Konstrukteure mit Berufsausbildung.

Im Vergleich zu den Produktionsingenieuren schätzen manche Befragte das Gehalt von Konstrukteuren beziehungsweise Produktentwicklern gleich, manche höher und manche niedriger ein. Im Vergleich von Produktentwicklern und Konstrukteuren hängt die Einstufung vom generellen Verständnis dieser beiden Berufspositionen ab. Letztlich sind die Verdienste sehr stark von den Kompetenzen und der Personalverantwortung abhängig. Wer mehr Produktverantwortung hat, mehr Kreativität zeigen muss, höhere Anforderungen erfüllt und schließlich auch mehr Personalverantwortung trägt, verdient entsprechend mehr.

Allgemeine Übereinstimmung herrscht unter den Befragten hinsichtlich der Information, dass Vertriebsingenieure und Wirtschaftsingenieure mehr als Konstrukteure verdienen. Sie würden teilweise außer Tarif (also übertariflich) bezahlt und erhielten Boni und Prämien, die ein Entwickler beziehungsweise ein Konstrukteur nicht bekäme. Denn die Umsatzbeteiligung ist in der Höhe nicht vergleichbar mit der Leistungszulage, die auch ein Konstrukteur erhält. Ebenfalls mehr als Ingenieure verdienten die Betriebswirte, wie ein Befragter bemerkt.

> Zur Bezahlung von Konstrukteuren gehen die Meinungen auseinander. Es wird sowohl Zufriedenheit über die Höhe des Anfangsgehalts und die Bezahlung generell als auch Unzufriedenheit über die Gehaltsentwicklung im Laufe der Karriere – insbesondere im Vergleich mit Vertriebs- und Wirtschaftsingenieuren – geäußert.

5.5.2 KARRIEREMÖGLICHKEITEN VON KONSTRUKTEUREN

Eine „Ungleichheitsdiskussion" wird auch in Hinblick auf die Aufstiegschancen beziehungsweise die berufliche Positionierung in der Unternehmenshierarchie geführt. Es gebe, so fasst ein Interviewpartner den Vergleich aus seiner Sicht zusammen, eine Gehaltshierarchie unter den Ingenieuren: ganz oben wären Vertrieb und Marketing, dann kämen Konstruktion und Entwicklung und schließlich die Produktion.

Karriere als Konstrukteur kann auf zwei Wegen gemacht werden. Erstens als Führungskarriere; hier steigt der Konstrukteur in der Unternehmenshierarchie auf, erhält mehr

Personalverantwortung, leitet zunehmend größere Projekte und übernimmt mehr und mehr Managementaufgaben. Der zweite Weg läuft über die Fachkarriere. Hier bleibt der Konstrukteur in seiner Abteilung Konstruktion und Entwicklung, verrichtet weiterhin dieselben Tätigkeiten, erlangt dadurch im Lauf der Zeit ein für die Firma überaus wertvolles Spezialwissen, was ihm entsprechend vergütet wird. Derartige Fachkarrieren finden auf dem Gehaltszettel statt und nicht in der Firmenhierarchie.

Immer wieder ist in den Interviews zu hören, dass Konstruktionsarbeit generell viel Freude mache. Dementsprechend wird die These vertreten, dass Konstrukteure nicht weiter aufstiegen, da sie so viel Spaß an ihrer Arbeit hätten und nicht in konstruktionsfremde, also geschäftsführende, manageriale Positionen aufrücken wollten. Wenn man im Konstruktionsbereich weiter arbeiten möchte, dann bleibt die Option auf eine sogenannte Fachkarriere. Dazu muss der Konstrukteur ein entsprechendes Spezialwissen erwerben, um auch die Wertschätzung seines Arbeitgebers zu erhalten.

Dank der immer wieder neuen und wenig standardisierten Aufgabenstellungen sowie der gedanklichen Abwechslung käme in der Konstruktion keine Langeweile auf, meint ein Interviewpartner. Da Konstruieren sehr attraktiv sei und Spaß mache, entschieden sich viele Konstrukteure dafür, dies ihr Leben lang zu machen, obwohl sie überqualifiziert seien, so ein anderer. In seiner Firma, so ein Befragter, gebe es viele Kollegen im Bereich Entwicklung, die in der Fachlaufbahn alt würden, ohne dass sie im klassischen Sinne Karriere machten, also Führungsverantwortung übernähmen. Es gebe viele Konstrukteure, meint ein weiterer Interviewpartner übereinstimmend, die bis zu ihrem Rentenalter Konstrukteure und damit auf einer gehobenen Sachbearbeiter-Position blieben. Er stelle fest, dass der Ingenieur verliebt in seine Tätigkeit und in seine Produkte, jedoch nicht fokussiert sei auf Karriere und „Schulterklappen". Weil sie also gerne weiterhin konstruieren wollten, machten Konstrukteure keine Karriere in der Firmenhierarchie. Weiter

im Bereich Konstruktion und Entwicklung zu arbeiten, hat auch für die befragten Absolventen Priorität, die im Vergleich zu den befragten Firmenvertretern noch nicht so lange berufstätig sind.

Ein Befragter zitiert einen Kollegen, nach dessen Meinung es ein „Karrierehemmschuh" sei, wenn man ein CAD-Programm sehr gut beherrsche. „Wer konstruieren kann, der macht keine Karriere." Der bliebe Konstrukteur, wenn er das gut könne. Daher seien die Entwicklungschancen nur mäßig. Konstrukteure machen also deshalb keine (Führungs-)Karriere, weil sie so gut in ihrem Feld sind. Aus Unternehmenssicht sollten sie dies weiter betreiben und daher nicht auf Führungspositionen befördert werden. Ein Erfahrungsträger, der auf seiner Position so wertvoll sei, so ein Interviewpartner, werde vielleicht von der Firma nicht auf eine Leitungsposition gesetzt; die Unternehmen sähen es denn auch nicht so gerne, wenn man sich spezialisiert habe, sich dann aber weiterentwickeln und das Thema wechseln wolle.

Trotz der bekundeten Zufriedenheit mit dem kreativen Job kommt bei vielen Befragten doch so etwas wie Missgunst auf, wenn sie auf ihre ökonomisch ausgebildeten Kollegen blicken und deren Karrieremöglichkeiten beurteilen. Der Blick ist sowohl abschätzig als auch neidvoll: Betriebswirte haben das, was Ingenieure und Konstrukteure nicht haben beziehungsweise nicht sind: forsch statt zurückhaltend, sozial kompetent statt eigenbrötlerisch, karriere- und geldorientiert/extrinsisch motiviert statt sachorientiert und intrinsisch motiviert, windig versus handfest-solide, sie betreiben simple statt anspruchsvolle Wissenschaft. Betriebswirte sind gute „Verkäufer" der eigenen wenigen Fähigkeiten – die man aber vielleicht doch auch für den Unternehmenserfolg benötigt. Das relativ hohe Gehalt der Vertriebsangestellten ist Ausdruck dafür, welch hohen Stellenwert der Umsatz im Unternehmen einnimmt. Weil Konstrukteure so schüchtern sind, so die Erklärung, machen sie im Gegensatz zu anderen Universitätsabsolventen keine Karriere. Weil sie keine Aufschneider sind und auch nicht sein wollen, können sie sich nicht gegen andere extrovertiertere Akademiker wie Betriebswirte und Vertriebsingenieure durchsetzen. Da sei eine „Riesenkluft" zwischen den beiden Parteien, meint ein Befragter, die würden sich überhaupt nicht mögen: Der „mit seiner großen Klappe", der muss „nur den Mund aufmachen" und verdient „ein Heidengeld", und ich muss hier „Blut und Wasser schwitzen", wenn ich das Ding entwickle.

In den höheren Rängen des Unternehmens sitzen insbesondere promovierte Ingenieure, so auch die Hälfte der befragten Firmenvertreter. Die Promotion ist ein zentraler Karrierefaktor, um in der Unternehmenshierarchie aufzusteigen. Sie sei ein „Pusher" für die Karriere, so ein Interviewpartner. Ein anderer stellt dementsprechend fest, dass ab einem gewissen Punkt ein promovierter Kollege mehr Chancen habe aufzusteigen als ein nicht-promovierter.

Unterschiedliche Einschätzungen gibt es zur Frage, ob Absolventen von Fachhochschulen und Universitäten gleichermaßen Karrierechancen in der Firma haben. Die einen meinen, es gebe in ihrer Firma hier keine „Diskriminierung". Die anderen meinen, Universitätsabsolventen strebten eher in Führungspositionen beziehungsweise würden diese eher erhalten. Dies liege aber weniger an der Ausbildung, sondern vielmehr am typischen Naturell der Absolventengruppen, mutmaßt ein Befragter. Während der Universitätsabsolvent eine Führungskarriere anstrebe (zum Beispiel als Abteilungsleiter), blieben die Fachhochschulabsolventen auf ihrer erreichten Position als Gruppenleiter, weil sie generell ortstreuer seien und ein Karriereschub in einem großen Unternehmen häufig mit einen Ortswechsel verbunden sei. Die leitenden Konstrukteure, die ein anderer Befragter kennengelernt hat, kommen in der Regel von Universitäten. Diejenigen, die permanent und lebenslang am Rechner sitzen, sind in der Regel von der Fachhochschule.

Ein Interviewpartner mutmaßt, es würden sich zwei Klassen mit unterschiedlichen Karrierechancen herausbilden. Zum einen gebe es die Ausführungsebene, diejenigen, die Fleißarbeit leisteten, die deutlich schlechter bezahlt würden und die leichter austauschbar seien. Und zum anderen gebe es die hochqualifizierten Konstrukteure, die dort arbeiteten, wo die Konstruktion einen hohen Stellenwert aufweise. Diese besäßen das „Kern-Know-how" der Firma und hätten deshalb eine entsprechende Stellung im Unternehmen. Das seien weniger die Fachhochschulabsolventen, sondern eher die Universitätsabsolventen. Wobei das nicht nur vom Abschluss abhinge, sondern auch von den Charaktereigenschaften der betreffenden Personen. Die Schere zwischen den beiden Gruppen werde in Zukunft noch weiter auseinanderklaffen.

Die Einschätzungen zu den Karrieremöglichkeiten fallen ähnlich konträr wie die zur Gehaltsentwicklung aus. Auf der einen Seite wird Freude an der Konstrukteurtätigkeit betont; auf der anderen Seite wird beklagt, dass man, um Karriere zu machen, von der „reinen Konstrukteurtätigkeit" Abschied nehmen müsse. Eine gewisse Alternative stellt die sogenannte Fachkarriere dar.

5.5.3 MITTEL- UND LANGFRISTIGER EINSTELLUNGSBEDARF AN KONSTRUKTEUREN

Wird nach dem Einstellungsbedarf der Firmen gefragt, muss differenziert werden zwischen der aktueller Lage, die durch die Finanz- und Wirtschaftskrise ab 2007 geprägt ist, und dem generellen langfristigen Bedarf, der stärker durch strukturelle Trends, wie die demografische Entwicklung, die internationale Vernetzung und den technischen Fortschritt, beeinflusst wird. In der aktuellen Krise haben einige Firmen der Interviewpartner keinen Einstellungsbedarf beziehungsweise keine Finanzmittel dafür.

Zur aktuellen Beschäftigungs- und Bewerberlage während und nach der Krise wird einerseits berichtet, dass in ihrem Gefolge im Entwicklungsbereich kein Personal abgebaut worden sei, sondern in der Produktion. Es sei allgemein akzeptiert, dass Abteilungen für Produktentwicklung besonders wichtig für das Unternehmen seien, weil hier die Zukunft gemacht werde. Wenn sie sich jetzt nicht anstrengten, dann hätten sie in fünf Jahren nichts zu produzieren. Deshalb sei die Produktion von der Krise schneller betroffen gewesen, weil sie von der Anzahl der verkauften Maschinen abhängig sei. Wenn morgen keine Maschine verkauft würde, dann müsse man heute keine montieren. Dennoch müssten die Maschinen entwickelt und konstruiert werden. Das werde auch von der IG Metall und dem Betriebsrat akzeptiert, obwohl die Produktion zu einem wesentlich höheren Prozentsatz gewerkschaftlich organisiert sei als die Konstruktion.

Ein anderer Befragter berichtet genau vom Gegenteil. Zwar empfehle jedes Lehrbuch, in der Krise in die Innovativität der Firma zu investieren. Das mache aber kein Unternehmen. Man spreche sich eher mit den Wettbewerben ab. Erst wenn es wieder besser gehe, fingen die Betriebe wieder an, Wettbewerb zu betreiben. Das Thema Innovation finde denn auch viel weniger statt, als man gemeinhin glaube. Man entwickle eine Innovation auch nur dann, wenn man im Wettbewerb unter Druck stehe, weil ein Konkurrent etwas Tolles auf den Markt gebracht habe, da müsse man nachziehen, oder wenn mal wieder eine Messe anstünde, da brauche man was Neues. Wenn das Geschäft laufe, dann lasse man die Innovativität bleiben. Wenn die Krise ein Unternehmen erfasst habe, dann entlasse man als Erstes die Leihkonstrukteure. Das sei das Einfachste. Nach der Wirtschaftskrise werde es einen Trend geben, die Entwicklung stärker über Dienstleister laufen zu lassen. Diese Dienstleister könne man auch schnell wieder loswerden.

Generell – so wird geschätzt – ist der Bedarf entweder gleichbleibend hoch oder weiter wachsend. Die Mehrzahl der Befragten geht davon aus, dass er noch weiter wachsen wird. Für Absolventen gibt es entsprechend kaum Probleme, eine Stelle zu finden. Studierende, die heute studierten, gingen goldenen Zeiten entgegen, prognostiziert ein Interviewpartner. Es werde wesentlich mehr freie Ingenieurstellen als Ingenieure geben. Im Zuge der demografischen Entwicklung würden mehr erfahrende Konstrukteure ausscheiden als neue „nachwachsen", dann werde sich eine „Schere" öffnen, meint ein anderer Befragter. Deshalb, folgert ein weiterer, werden sich die Firmen entschließen müssen, entweder auf deutsche Dienstleister oder Personalverleiher zurückzugreifen. Wenn auch diese ausgebucht sind, dann werden sie im Ausland suchen beziehungsweise ins Ausland gehen müssen.

Bei dem konstatierten hohen und wachsenden Einstellungsbedarf besteht allerdings seitens der Arbeitgeber ein hohes Anspruchsniveau gegenüber den Bewerbern. Die Absolventen, die diese Anforderungen tatsächlich erfüllen, sind rar; diese gesuchten Ingenieure haben daher die Wahl und sind von den Firmen nur schwer zu gewinnen. Es sei leichter, jemanden für die Produktion einzustellen; einen guten Konstrukteur zu finden sei schon kniffeliger, bemerkt ein Firmenvertreter. Besondere Probleme, Absolventen zu bekommen, hätten Firmen, die am flachen Land angesiedelt seien. Ein Lösungsweg läuft über die Bindung der künftigen Mitarbeiter durch ein duales Studium, das in Kooperation mit der Firma absolviert wird.

> Der Bedarf an Konstrukteuren und Produktentwicklern wird aus Sicht der Interviewpartner entweder als gleichbleibend hoch oder als weiter wachsend beschrieben. Seitens der Arbeitgeber besteht allerdings ein hohes Anspruchsniveau gegenüber den Stellenbewerbern.

5.5.4 EXTERNALISIERUNG VON KONSTRUKTIONSAUFGABEN

In vielen Unternehmen sei es üblich, behaupten einige Firmenvertreter und Absolventen, dass standardisierte Tätigkeiten ausgelagert würden. Das betrifft vor allem die Aufgabenbereiche Detailkonstruktionen und technische Zeichnungen. Offensichtlich werden aber auch anspruchsvolle Entwicklungsaufgaben von den Firmen externalisiert. So betreibt ein Interviewpartner selbst ein Ingenieurbüro, das derartige Aufträge von Firmen übernimmt. Generell sind Verlagerungen ins Ausland von den Externalisierungen ins Inland zu unterscheiden, wobei auch hier die Grenzen fließend sind, wenn beispielsweise Aufträge ins benachbarte Ausland verlagert werden.

Viele Befragte sind aber der Meinung, dass der Trend zur Verlagerung von Kapazitäten ins Ausland mittlerweile rückgängig sei und es hierfür gute Gründe gebe. Folgende Argumente werden genannt, die gegen eine Verlagerung ins Ausland sprechen:

— Eine enge Verbindung von Konstruktion und Produktion ist wichtig, weil Korrekturen und Koordination möglich sein müssen. Das geht nur, wenn Entwicklung und Konstruktion sowie Produktion an einem Ort konzentriert sind.
— Die ausländischen Kollegen sind nicht so gut ausgebildet und arbeiten nicht so gut wie die Kollegen im Inland. China und Indien sind im Maschinenbau noch nicht so weit, die beiden Länder werden – noch! – überschätzt. Schließlich sind die Kosten nicht alles, es muss auch die Qualität stimmen.
— Das Ausland boomt selbst, die dort verlangten Preise sind nicht mehr so günstig.
— Man weiß an ausländischen Standorten wenig über die immer wichtiger werdenden Normen und Sicherheitsstandards.
— Es ist riskant, das Entwicklungs-Know-how auf andere Standorte zu übertragen. Man erleidet einen erheblichen Know-how-Abfluss. Diesen wieder einzuholen, ist sehr aufwändig und teuer. In diesem Zusammenhang wird das Beispiel Elektrotechnik und Daimler genannt.
— Es gibt ein Sprach- und Kommunikationsproblem zwischen Auftraggebern und -nehmern, welches durch die gravierenden Zeitunterschiede verstärkt wird. Der Betreuungsaufwand ist entsprechend hoch.

Stärker als der Trend, Kapazitäten ins Ausland zu verlagern, scheint die Entwicklung zu sein, Aufträge an externe inländische „freie" Konstruktionsbüros, von einem Befragten „Consulter" genannt, zu vergeben – oder ins benachbarte Ausland, wie nach Tschechien. Ausgelagert werden vor allem standardisierte Aufgaben, Detailkonstruktionen, die Erstellung von Fertigungsplänen – insbesondere von großen Firmen. Weil der Dienstleister nicht in der Lage sei, im Gesamtsystem zu denken, müssten diese Aufgaber standardisiert sein, erklärt ein anderer Interviewpartner.

Mit dieser Externalisierung von Aufgabenbereichen kann das Risiko der Weiterbeschäftigung von Personal bei Auftragsknappheit gesenkt werden. Aufträge werden in dem Umfang vergeben, wie sie eben nötig sind. Das schafft Flexibilität bei schwankendem Auftragseingang. Im Bedarfsfall werde ein Auftrag vergeben, berichtet ein Interviewpartner, und wenn kein Bedarf vorhanden sei, dann hätte die Firma auch keine Kosten – das sei so die „Philosophie dahinter". Aber auch hier sei ein Punkt erreicht: Was man nicht mehr unbedingt machen müsse, das habe man herausgegeben. Vielleicht habe man da ein wenig übertrieben und mehr herausgegeben, als es gut sei. Da sei auch ein bisschen Know-how verloren gegangen.

> Die Übertragung von standardisierbaren Konstruktionsaufgaben an externe Firmen wird weiter zunehmen. Der Trend, Konstruktionskapazitäten im Ausland zu nutzen, ist dagegen nach Ansicht einiger Befragter aufgehalten beziehungsweise kehrt sich derzeit um.

5.6 ZUSAMMENFASSUNG UND SCHLUSSFOLGERUNGEN

5.6.1 BERUFSBILD KONSTRUKTEUR

Ein zentrales Ergebnis der Befragung der Ingenieure beziehungsweise werdenden Ingenieure ist, dass es keine allgemein akzeptierte Definition gibt, was ein Konstrukteur ist beziehungsweise sein soll. Konstrukteur ist nicht gleich Konstrukteur. „Konstrukteur" ist nicht nur die Berufsbezeichnung von Akademikern, von Ingenieuren, sondern auch von Facharbeitern. In der Gesellschaft wiederum ist der Konstrukteur als Berufsbild offenbar kaum bekannt – im Gegensatz zum Ingenieur oder Maschinenbauer. Ob tatsächlich ein eigenständiges Berufsbild Konstrukteur durchgesetzt werden kann, erscheint daher fraglich. Auch einige der interviewten Konstrukteure verstehen sich selbst mehr als Ingenieure oder Maschinenbauer denn als Konstrukteure.

Anstatt sich auf Berufspositionen zu konzentrieren und dabei im Grunde nicht lösbare Definitionsprobleme zu bearbeiten, empfiehlt es sich, den Entwicklungs- und Konstruktionsprozess in seiner Gesamtheit zu betrachten. Dieser Prozess besteht aus mehreren Stufen, die je nach Produkt und Unternehmen unterschiedlich ausgestaltet sind: Er reicht von der Ideenfindung, dem Entwurf, der Modellkonzeption hin zur Ideenumsetzung, zur CAD-Zeichnung, Auslegung, Berechnung, Ausdetaillierung und Testung. Die nicht nur berufssoziologisch interessante Frage ist, wer mit welcher Ausbildung beziehungsweise mit welchem Bildungszertifikat in diesem Prozess welche Aufgaben übernimmt und welche Etiketten man diesen Berufspositionen gibt. In der engeren Auswahl stehen: Produktentwickler, Konstrukteur, Technischer Zeichner. Weitere Aufgaben kommen neu hinzu und sind ebenfalls zu benennen, dazu zählen der Produktmanager und der Produktdesigner. Anhand dieser Aufzählung wird bereits deutlich, dass die Anforderungen sich nicht auf die Konstruktion im engeren Sinne beschränken, sondern auch andere, zum Teil nicht-technikwissenschaftliche Aufgaben mit einschließen.

5.6.2 STUDIUM UND WEITERBILDUNG

Thematisiert man die Ausbildung des akademischen Konstrukteurs beziehungsweise Entwicklers, dann dreht sich die Diskussion immer wieder um das Verhältnis von Theorie/Grundlagen und Praxis beziehungsweise von Wissenschaftlichkeit und Praxisbezug.[44] Auch hinsichtlich der Frage, was im Studium gelehrt beziehungsweise gelernt werden soll, divergieren die Auffassungen stark: Die einen meinen, dass das Studium der geeignete Ort der Grundlagenvermittlung ist, die anderen halten diese – so wie sie traditionell an den Hochschulen betrieben wird – für nicht hilfreich. Die einen fordern entsprechend mehr Grundlagenvermittlung im Studium, die anderen können sich eine Reduzierung der Grundlagenanteile zugunsten von mehr Praxisprojekten vorstellen. Kurz: Die einen wollen mehr Theorie-, die anderen mehr Praxisbezug. Beides kann nicht in einem begrenzten Zeitrahmen (der Regelstudienzeit) realisiert werden. Eine Lösung dieses Problems wird darin gesehen, die Form des Lernens zu ändern, damit die Praxisrelevanz von Grundlagen besser verstanden und auch erfahren wird. Auch wissenschaftliches Arbeiten kann in diesem Sinne als eine Form der Praxis verstanden werden. Die Diskussion erinnert an die Debatte um die Hochschuldidaktik in den 1970er Jahren, als eine Stärkung der Projektstudienanteile gefordert wurde. Genau dies wird auch von Interviewpartnern gefordert: betreute Projekte unter mehr oder weniger realen Bedingungen.

Generell offenbart sich hier ein strukturelles Dilemma der traditionellen Studiengangsgestaltung, wie es auch in anderen Studiengängen in Deutschland zu beobachten ist: Der Aufbau der Studiengänge ist stark zweigeteilt. Erst sind die Grundlagen und Theorien relativ losgelöst vom Fach zu lernen; darauf baut dann das „eigentliche" Studium des Fachs auf.[45] Ein Nebeneffekt dieser zweigeteilten Studienstruktur ist die Selektion der Studierenden im Grundlagenstudium.

Ein anderes – ebenfalls typisches – Dilemma der Studiengangsgestaltung ist die durch die wissenschaftliche und auch technologische Entwicklung bedingte Zunahme an Anforderungen, um für die Berufswelt vorbereitet zu sein.

---

44 Vgl. Winter 2011.
45 Vgl. Morsch et al. 1986.

Die Wunschliste an neuen Wissens- und Kompetenzbereichen ist lang und wird immer länger, wobei traditionelle Wissensbestände nicht aufgegeben werden können beziehungsweise sollen. Zudem wird der Anspruch erhoben, die Studierenden mehr Praxiserfahrungen machen zu lassen, also Praxisphasen und Projektarbeiten ins Studium zu integrieren. All dies bedeutet eigentlich eine Verlängerung des Studiums. Mit der Studienstrukturreform wurde jedoch genau das Gegenteil beabsichtigt und realisiert: eine Verkürzung des grundständigen Studiums. Von den technischen Universitätsfakultäten wird diese politische Forderung nach Kurzzeitstudiengängen im Übrigen nicht ernst genommen, der Master folgt dem Diplom als faktischer Regelabschluss. Von den Fachhochschulen wird die Reform dagegen ernst genommen und auch umgesetzt, indem die Praxisphasen in den neuen im Vergleich zu den alten Studiengängen verkürzt werden. Damit wird aber genau das Gegenteil von dem realisiert, was nicht erst seit der Bologna-Reform von den Studiengängen gefordert wird: Berufsqualifizierung.[46]

Bei einer begrenzten Studiendauer stellt sich prinzipiell die Frage, welche der neuen Anforderungen tatsächlich in die Studiencurricula aufgenommen werden sollen und welche nicht. Viele Vorschläge mögen den „Fachegozentren" der Professoren geschuldet sein, die der Devise folgen, mein Fachgebiet ist unabdingbar. Die Stellung des Fachgebiets im Curriculum wird damit Ausdruck der Stellung der Professur in der Fakultät. Viele Vorschläge sind sicherlich im Zeichen der gewandelten Anforderungen der Berufspraxis begründet. Um diese inhaltliche Frage zu entscheiden, welche Fächer integraler Bestandteil der Studiengänge werden sollen und welche nicht, ist auf der einen Seite Sach- beziehungsweise Fachverstand geboten, auf der anderen Seite wird dazu aber auch Verantwortungsübernahme im Sinne des gesamten Studiengangs benötigt.

Damit stellt sich die Frage der Selektivität. Inwieweit wird der Anspruch auf Vollständigkeit des Studiums beibehalten, partiell aufgelöst oder gar gänzlich aufgegeben? Maschinenbau war immer schon – wenn man so will – ein „multidisziplinäres" Studium, das aus vielen Teilfächern besteht, die nicht allesamt belegt werden können. Letztlich kann von einem Studenten nur ein geringer Teil des Fächerspektrums im Studium abgedeckt werden. Unter der Bedingung wachsender Wissensbestände und gleichbleibender Studiendauer scheint es nur zwei Alternativen zu geben: Entweder findet bereits im Studium eine Spezialisierung statt oder es wird verstärkt auf eine Grundlagenvermittlung als Basis für weitere Lernphasen gesetzt, Praxiserfahrungen werden dann nur noch im Betrieb gemacht. Dahinter steckt auch das Breite-Tiefe-Problem der Studiengangsgestaltung: Soll im Studium exemplarisch in die Tiefe gegangen werden oder soll möglichst die Breite der Grundlagen und technischen Themen abgedeckt werden? Wenn das alles nicht mehr reicht, sozusagen die Decke der Studiendauer angesichts der sich ausdifferenzierenden Technikwissenschaften und des technischen Fortschritts an allen Ecken und Enden zu kurz wird, dann stellt sich die Frage, ob notwendigerweise spezielle Studiengänge den allgemeinen Studiengang ablösen werden. Entlang welcher Themen müssten diese neuen Studiengänge geschnitten werden: Sind generelle Einteilungen wie Konstruktion und Produktion sinnvoll oder soll sich der Studiengang auf die vielen Gegenstandsbereiche der Technikwissenschaften, wie beispielsweise Energie oder Mobilität, beziehen?

Dagegen kann argumentiert werden, dass der Maschinenbauingenieur möglichst breit ausgebildet und aufgestellt sein sollte, weil Universalisten im Maschinenbau gesucht sind. Daher sollte auch das Studium des Maschinenbaus möglichst allgemein und breit angelegt sein, damit sich die Absolventen in die vielfältigen und wechselnden Aufgabenfelder einarbeiten können. Um dies zu erreichen, sollten zudem die Kompetenzen auf nicht technikwissenschaftlichem Gebiet verbreitert werden.

---

[46] Vgl. Winter 2009.

Als Lösungsweg wird an dieser Stelle in der Diskussion stets die Zauberformel vom „Lernen lernen" genannt. Damit ist gemeint, im Studium sollen die Studierenden lernen, wie sie sich neue Gebiete selbstständig erschließen. Mit dieser Kompetenz können sich die Ingenieure und damit auch die Konstrukteure beziehungsweise Entwickler im Prozess des lebenslangen Lernens immer wieder auf neue Anforderungen einstellen beziehungsweise neue Herausforderungen angehen.

Um das Lernen zu lernen, sind sicherlich analytische Fähigkeiten sowie selbstständiges Denken und Handeln gefragt. Eben diese Fähigkeiten werden an der deutschen Ingenieurausbildung und am deutschen Ingenieur besonders geschätzt, insbesondere wenn er von der Universität kommt. Angesichts der kritischen Berichte von Interviewpartnern über ihr Studium stellt sich allerdings die Frage: Wie kann ein Studium diese Eigenschaften fördern, wenn in den ersten Semestern Grundlagen stupide gepaukt werden müssen, die dann in Klausuren als eine Art Härtetest abgeprüft werden?[47] Dieser Selektionsfilter ist ebenfalls ein typisches Strukturmerkmal deutscher Universitätsstudiengänge. Auf welchen didaktischen Vorstellungen basiert diese Art von Studium und von Prüfung? Offensichtlich ist dies eine Lehr- und Lernkultur, die auf Disziplinierung und Selbstüberwindung setzt. Wie passt diese zum pädagogischen Anspruch auf Selbstständigkeit und Kreativität? Wie zur gewünschten Attraktivität von Studiengängen? Wie zur politisch geforderten Steigerung der Studierenden- und Absolventenanzahl in den Technikwissenschaften?

5.6.3 BERUF UND BESCHÄFTIGUNG

Wenn sich – wie die Interviews nahelegen – die Berufswege der Konstrukteure und Entwickler in Fach- und Führungskarrieren aufteilen, wirkt sich dies natürlich auf deren berufliche Position und Reputation aus. Auf der einen Seite spezialisieren sich die Entwickler und Konstrukteure im engeren technischen Feld und konzentrieren sich auf den fachlichen Kern ihrer Tätigkeit. Auf der anderen Seite schlagen Entwickler und Konstrukteure den Weg einer Führungskarriere ein. Dazu muss allerdings der Kernbereich der Konstruktion und generell der Technikbereich verlassen werden (sowie eventuell auch das Unternehmen verlassen werden muss) – ein Abschied, der manch einem Konstrukteur schwer fällt.

Dieselben Fragen, die das Studium betreffen, können im Bereich Beruf und Beschäftigung gestellt werden. Betrachtet man den Entwicklungs- und Konstruktionsprozess insgesamt, dann sind die Berufspositionen einzuordnen zwischen Spezialisierung und Generalisierung sowie zwischen Wissenschaftlichkeit und Praxiserfahrungen. Zum einen findet eine Entgrenzung der Konstruktionsarbeit statt; andere, auch nicht-technische Qualifikationen werden zunehmend nachgefragt. Zum anderen nimmt die Bedeutung des Mechanischen – als traditioneller Kern des Maschinenbaus – ab; Elektronik und Informatik gewinnen an Relevanz. Findet also in der Arbeitswelt parallel zur Entgrenzung der Berufsfelder eine Entkernung des Kompetenzprofils des Maschinenbauingenieurs statt? Zugespitzt formuliert: Werden Mechatroniker oder Vertriebsingenieure oder gar eine Mischung aus beiden die traditionellen Maschinenbauingenieure ablösen?

---

[47] Vgl. Wagner 2011.

6 DIE EXPERTEN-WORKSHOPS

ALBERT ALBERS, SVEN MATTHIESEN, LEIF MARXEN UND HANNES SCHMALENBACH

6.1 VORGEHEN

Ziel der Experten-Workshops war es, Vorschläge für Maßnahmen zur Verbesserung des Berufsimages des Konstrukteurs und für eine zeitgemäße und zukunftsweisende Hochschulausbildung und Weiterbildung zu erarbeiten, die den Erwartungen der Industrie Rechnung trägt. In zwei Workshops arbeiteten die Experten zunächst Problemfelder und Ursachen heraus, bevor sie Lösungsansätze ableiteten (siehe Abb. 38). Die Basis für ihre Arbeit bildeten einerseits die Ergebnisse der vorangegangenen Untersuchungen.[48] Darüber hinaus brachten die Experten aber auch ihr eigenes spezifisches Fach- und Erfahrungswissen ein, das auch im Widerspruch zu den empirischen Ergebnissen des Projekts stehen konnte.

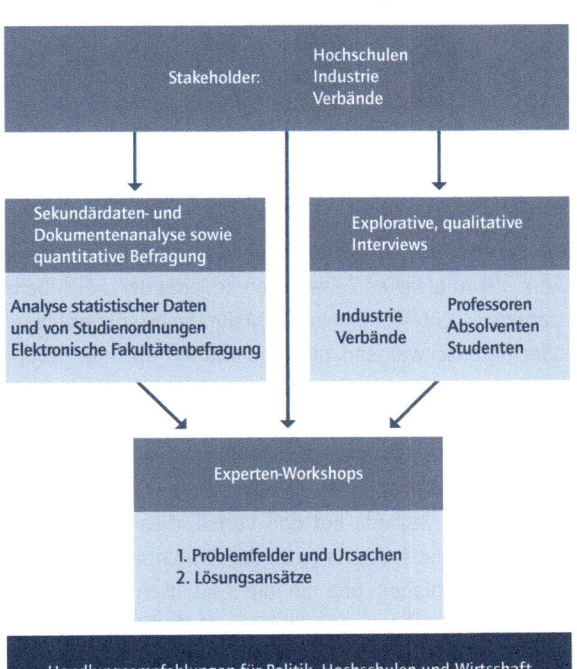

Abbildung 38: Projektstruktur

6.1.1 WORKSHOP 1

Im **ersten Workshop** stand die Identifikation konkreter Problemfelder der Aus- und Weiterbildung von Konstrukteuren und des Konstrukteurberufs im Vordergrund. Die Experten erhielten hierfür die empirischen Projektergebnisse und waren ebenso angehalten, ihr eigenes Expertenwissen einzubringen. Die Arbeit erfolgte in drei Gruppen, die drei verschiedene Sichten auf den Konstrukteur untersuchen sollten (siehe Abb. 39):

Abbildung 39: Die drei Sichten auf den Konstrukteur

Bild des Konstrukteurs **Aus- und Weiterbildung** **Beruf und Tätigkeit**

Für jede Gruppe wurde ein Moderator (aus dem Projektteam) festgelegt. Anschließend fanden Gruppendiskussionen in drei Zeitblöcken statt. Nach jeweils 45 Minuten wechselten die Gruppen den Moderator und begannen die Diskussion zum nächsten Thema[49] (siehe auch Abb. 40). Die Wissenschaftler, die die Erhebungen im Projekt durchgeführt hatten, standen für Rückfragen während des Workshops zur Verfügung. Im Anschluss an die Gruppendiskussion wurden die Ergebnisse im Plenum vorgestellt und in gemeinsamer Diskussion ergänzt, um sicherzustellen, dass den benannten Problemen ein gemeinsames Verständnis zugrunde liegt, und um Einzelmeinungen zu relativieren.

---

[48] Siehe Kapitel 2 bis Kapitel 5.
[49] Das Vorgehen ist auch unter dem Namen World Café bekannt (vgl. Brown/Isaacs 2007).

Abbildung 40: Gruppenarbeit im ersten Workshop

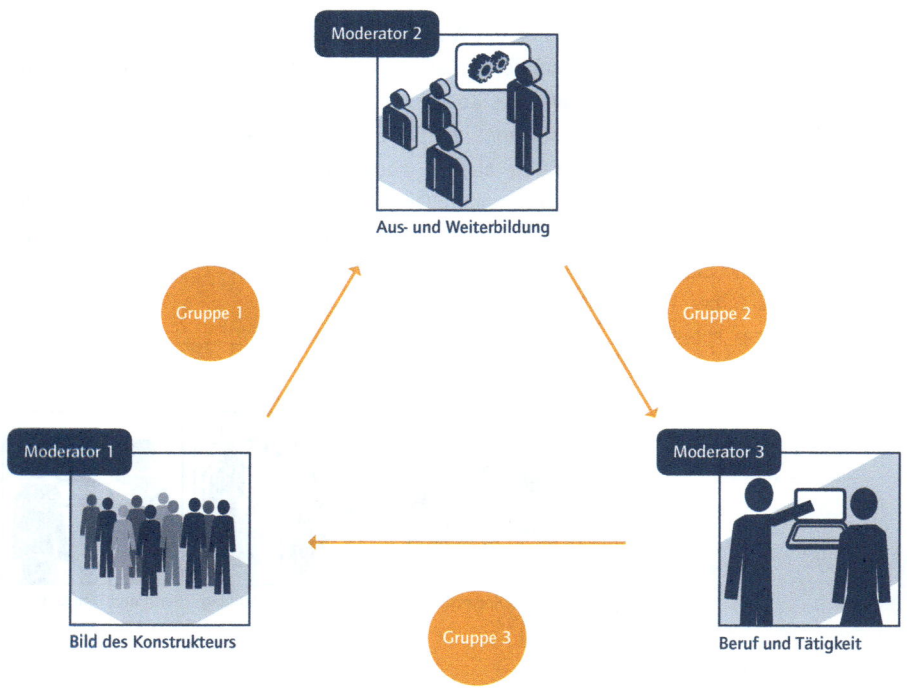

6.1.2 WORKSHOP 2

Ziel des **zweiten Workshops** war es, für die in Workshop 1 identifizierten Problemfelder und Ursachen Vorschläge für Lösungsansätze zu erarbeiten. Die Teilnehmer wurden gebeten, neben der reinen Beschreibung der jeweiligen Maßnahmenvorschläge auch auf deren Wirkungsweise, Tragweite und mögliche Chancen und Risiken einzugehen. Um die Vorschläge strukturiert einordnen und adressieren zu können, wurde den Teilnehmern ein Modell zur Verfügung gestellt, welches den Werdegang hin zum Konstrukteurberuf in verschiedenen Phasen und mögliche Scheidepunkte visualisiert (siehe Abb. 41).

Zur Erarbeitung von Lösungsansätzen wurde ebenfalls die World-Café-Methode angewandt (siehe Abb. 42), das heißt die Experten haben in drei Gruppen (untergliedert entlang Abb. 39) zu gleichen Zeitanteilen an jeder der drei Arbeitsstationen („Cafés") gemeinsam Maßnahmen vorgeschlagen oder ergänzt, während die Moderatoren an ihrer Station blieben, um a) zu moderieren und b) für Rückfragen und Erläuterungen zu den zuvor vorgeschlagenen Maßnahmen bereitzustehen. So konnten Fehlinterpretationen vorgeschlagener Maßnahmen der Vorgängergruppe reduziert werden. Die Methode bot den Vorteil, dass jeder Experte die Möglichkeit hatte, in jeder der drei Gruppen Maßnahmen vorzuschlagen und an die Gedanken der anderen Workshop-Teilnehmer anzuknüpfen. Auf diese Weise entstanden insgesamt 29 Vorschläge für Lösungsansätze.

Im Anschluss an die Gruppendiskussion haben die Experten durch die Vergabe von maximal vier Punkten Vorschläge

Abbildung 41: Der Weg zum Konstrukteurberuf mit möglichen Scheidepunkten

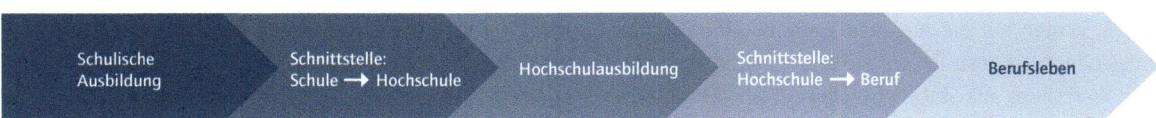

priorisiert. Zusätzlich konnten optional Vorschläge durch negative Punkte abgelehnt werden (Vetorecht). Im Ergebnis erhielten einige Vorschläge (positive) Punkte, ein einziger einen negativen Punkt und zahlreiche Vorschläge keine Punkte oder nur einen Punkt. Als vorrangig wurden Vorschläge mit mindestens zwei Punkten behandelt. Auf diese Weise konnten Einzelmeinungen ausgeschlossen werden. Die von den Experten so als vorrangig herausgearbeiteten Vorschläge bilden den Kern des Ergebnisses und werden im nachfolgenden Text als „Vorschläge der Experten" bezeichnet.

Abbildung 42: World-Café-Methode in der Gruppenarbeit Workshop 2

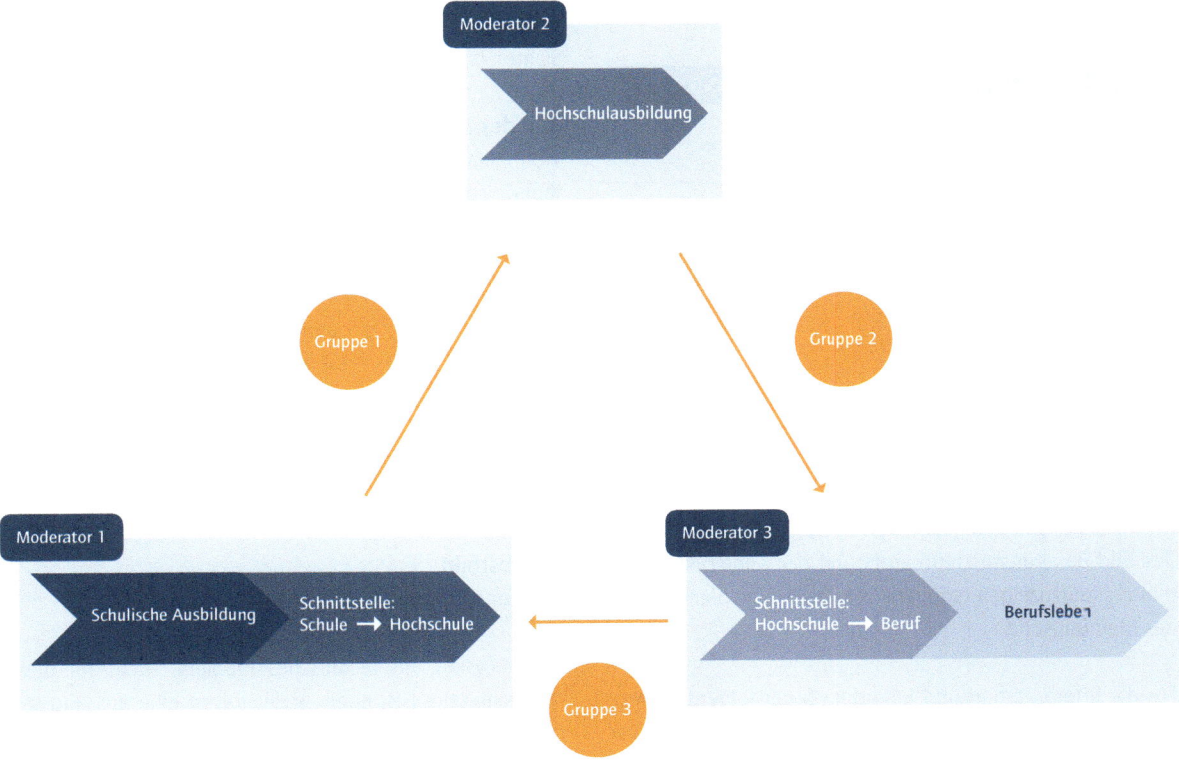

6.2 MITWIRKENDE

Um alle Sichten auf die Aus- und Weiterbildung und das Berufsleben des Konstrukteurs zu berücksichtigen, sollten in den Workshops alle Stakeholder mitwirken[50]. Dies sind:

— Studierende,
— Professoren,
— Unternehmensvertreter,
— Verbandsvertreter.

Bei der Einteilung der Arbeitsgruppen wurde darauf geachtet, dass jeweils Vertreter möglichst aller Stakeholder-Gruppen zusammenarbeiteten.

Tabelle 6: Übersicht Workshop-Teilnehmer aus den verschiedenen Stakeholder-Gruppen

	WORKSHOP 1	WORKSHOP 2
Studierende	3	2
Professoren	4	4
Industrieunternehmen	7	5
Verbände	3	5
Gesamt	17	16

6.3 ERGEBNISSE

Die nachfolgend dargestellten Ergebnisse basieren auf Aussagen der Experten, die während der Workshops getroffen wurden. Sie erheben nicht den Anspruch, ein umfassendes Bild des Konstrukteurberufs und der Konstrukteurausbildung aufzuzeigen, sondern zeigen ein problembezogenes Meinungsbild.

Für die Interpretation und Einordnung der folgenden Aussagen sei außerdem auf Folgendes hingewiesen: Es war ausdrücklich Ziel des ersten Workshops, Problemfelder der Aus- und Weiterbildung von Konstrukteuren und des Konstrukteurberufs (und nicht etwa Stärken) zu identifizieren. Daher zeichnen die Ergebnisse ein negatives Bild und klammern positive Aspekte bewusst aus. Einzelne Aussagen können auch widersprüchlich zu empirischen Befunden oder deutlich zugespitzt formuliert sein. Die Autoren weisen ausdrücklich darauf hin, dass alle in den Workshops vertretenen Konstrukteure von sich aus betonten, ihren Beruf gerne und mit Überzeugung auszuüben. Ein Wechsel in ein anderes Berufsfeld käme für sie nicht infrage.

6.3.1 VON EXPERTEN IDENTIFIZIERTE PROBLEMFELDER UND URSACHEN

Im Folgenden werden die von den Experten identifizierten Problemfelder und möglichen Ursachen bezüglich der drei Sichten (siehe Abschnitt 6.1) skizziert.

Bild des Konstrukteurs
Wenn man vom „Bild des Konstrukteurs" spricht, muss grundsätzlich unterschieden werden zwischen:

Bild des Konstrukteurs

1. Selbstbild: Welches Bild haben Konstrukteure von sich? und
2. Fremdbild: Welches Bild haben andere/hat die Gesellschaft vom Konstrukteur?

Im Folgenden werden Aussagen der Experten zum Selbstbild und zum Fremdbild aufgelistet.

> **Selbstbild**
Der Konstrukteur …

— analysiert ein technisches Problem, sucht für dieses technische Lösungen, wählt davon eine aus und setzt diese in ein Modell um.

---

[50] Um Verzerrungen im Meinungsbild zu vermeiden, wurden keine Experten eingeladen, die bereits an den Interviews teilgenommen hatten.

- sieht sich selbst als „Tüftler", der an praktikablen Lösungen interessiert ist.
- braucht für erfolgreiches Konstruieren viel Erfahrung, die im Studium nicht derart vermittelt werden kann.
- hat ein breites, vielschichtiges Aufgabenspektrum.
- ist innovativ und kreativ.
- ist „modern" und arbeitet mit komplexen Computerprogrammen.
- ist aber dennoch im Unternehmen oft ein Außenseiter, gilt als „Fachidiot" und hat einen langweiligen Charakter.
- hat viel Verantwortung, schwierige Aufgaben, erhält aber dennoch wenig Geld und Anerkennung verglichen mit anderen Ingenieuren (zum Beispiel Vertriebsingenieuren/Produktion).
- hat aber einen vergleichsweise sicheren Job.

> Fremdbild

Der Konstrukteur ...

- hat einen vergleichsweise sicheren und gut bezahlten Job.
- hat verlernt, verständlich zu kommunizieren und zu vermitteln, was er tagtäglich tut.
- wird in Film und Fernsehen selten dargestellt.
- wird gesellschaftlich kaum wahrgenommen.
- steht im Schatten des Produkts, das er generiert.
- steht nur dann in der Verantwortung, wenn technische Dinge versagen („Hier wurde schlecht konstruiert").
- hat ein unscharfes Berufsbild.

Aus- und Weiterbildung von Konstrukteuren

Blickt man auf die Konstrukteurausbildung an den deutschen Hochschulen, so zeigen sich nach Aussagen der Experten verschiedene Stärken:

Aus- und Weiterbildung

- Sie ist gut und anerkannt!
- Sie ermöglicht eine Spezialisierung zum Konstrukteur und
- die Vertiefung der Konstrukteurausbildung ist zum Teil wählbar.

Problematisch ist laut der Experten aber, dass ...

- der Begriff „Konstrukteur" veraltet und unattraktiv erscheint.
- Schüler kaum eine Vorstellung von dem Beruf haben.
- es kaum Informationen über den Beruf des Konstrukteurs gibt.
- erst spät im Ingenieurstudium – nach den ersten grundlagenorientierten Semestern – sich das Berufsbild klärt.
- steigende Studierendenzahlen in Ingenieurstudiengängen insbesondere die Vermittlung konstruktionsrelevanter Inhalte erschweren, da sie häufig betreuungsintensiver Lehrveranstaltungen bedürfen.
- in der Lehre akademische Aufgabenstellungen dominieren, die sich von realen Arbeitsaufgaben gravierend unterscheiden und damit nicht ausreichend auf das Berufsleben vorbereiten.
- viele Konstruktionsinhalte (zum Beispiel CAD-Programme) schnelllebig sind, das heißt Inhalte vermittelt werden, deren Aktualität und Relevanz bis zum Ende der Ausbildung bereits überholt sind.
- Studierende immer mehr CAD- und ähnliche Softwaretools anstelle „echtem" Konstruktionswissen erlernen.
- Konstruktionsmethodik im Studium häufig zu kurz kommt, zum Beispiel die Vorgehensweise beim Konstruieren und der sinnvolle Aufbau von CAD-Modellen.
- es im Studium zu wenig Projekt(gruppen)arbeit gibt, sodass der Konstrukteur unbewusst zum Einzelkämpfer und nicht zum Teamplayer erzogen wird.

- es bei der Vermittlung von Wissen im Studium zu wenig Praxis- oder Produktbezüge gibt, womit auch die für Konstrukteure typische Identifikation mit dem Produkt fehlt.
- sich die Ausbildung noch immer stark an Disziplinen orientiert, obwohl gerade Konstruktion viele Disziplinen vereint, sodass
- das motivierende Alleinstellungsmerkmal der Konstruktion – die kreative Synthese – im Studium kaum vermittelt wird.

Speziell zur Weiterbildung von Konstrukteuren wurde festgehalten, dass ...

- selten gezielte Weiterbildung im Unternehmen im Sinne eines lebenslangen Lernens stattfindet.
- oftmals geeignete Weiterbildungsformate fehlen, in denen zum Beispiel Berufserfahrung systematisch aufgegriffen wird.
- Weiterbildungsangebote zu Kernfähigkeiten des Konstrukteurs – zur Förderung der Synthesetätigkeiten – fehlen.
- großer Bedarf an Wissenserweiterung besteht, beispielsweise zu Randbedingungen der Produktion und Maschinenrichtlinien.
- Weiterbildungsangebote zu Konstruktions-Know-how für Nichtkonstrukteure fehlen.

Beruf und Tätigkeit

In Bezug auf Beruf und Tätigkeit halten die Experten vor allem die von den Konstrukteuren wahrgenommene mangelnde Wertschätzung im Unternehmen problematisch. Ursächlich dafür ist, dass ...

Beruf und Tätigkeit

- sie im Vergleich zu anderen Ingenieurgruppen geringer besoldet werden.
- Konstrukteure eher „hinter den Kulissen" agieren, da sie weder Personalverantwortung noch eine unternehmensrepräsentative Funktion haben.
- man einen Konstrukteur „auf die Bühne schieben" muss, er also selten bereit ist, für sich Marketing zu machen.
- sich die Tätigkeiten von Technischen Zeichnern, Konstrukteuren und Produktentwicklern in den Unternehmen stark überschneiden können.
- eine begriffliche Trennung nach Aufgabenfeldern der Konstruktion fehlt.
- auch im Beruf das Alleinstellungsmerkmal der Konstruktion – die kreative Synthese – kaum herausgestellt wird.
- in der Konstruktion oftmals winzige Details eine enorme Rolle spielen, was abschreckend und demotivierend wirken kann.
- das problemorientierte Denken und Handeln des Konstrukteurs in seinem beruflichen Umfeld oft negativ empfunden wird.
- die von Konstrukteuren erzielte Wertschöpfung kaum messbar ist, ihre Fehler allerdings schon.
- die Konstruktionsabteilung eher als „Kostenstelle" gilt, während „das Geld an andere Stelle verdient wird".
- Konstruktion als „Karrieresackgasse" gilt. Denn für die Arbeit des Konstrukteurs ist Berufserfahrung wichtig, die ihn in genau seiner Position wertvoll macht, aber nicht zum Aufstieg im Unternehmen verhilft und einen Wechsel der Tätigkeit oder des Unternehmens sogar erschwert.
- das Konzept der Expertenkarriere als Alternative zur Führungskarriere in der Wirtschaft noch nicht Fuß gefasst hat.
- bei der Diskussion um Outsourcing von Ingenieurtätigkeiten insbesondere das Konstruktionsoutsourcing propagiert wird.

6.3.2 VON DEN EXPERTEN VORGESCHLAGENE LÖSUNGSANSÄTZE

Im **zweiten Experten-Workshop** wurden verschiedene Vorschläge für Maßnahmen erarbeitet, die den benannten möglichen Problemfeldern und Ursachen entgegenwirken. Alle gesammelten Vorschläge wurden entsprechend der in Kapitel 6.1.3 beschriebenen Vorgehensweise hinsichtlich ihrer Priorität bewertet. Die folgenden Vorschläge wurden von den Experten als besonders wichtig und prioritär erachtet.

Vorschlag 1: Das Berufsbild des Konstrukteurs schärfen

Das unscharfe Berufsbild des Konstrukteurs und das veraltete Berufsimage können sich nicht nur auf die Wahl des Berufs, sondern auch auf den Verbleib im Beruf negativ auswirken. Ausgangspunkt sollten daher eine eindeutige, differenzierte Berufsbeschreibung des Konstrukteurs und eine „griffige", aber auch zeitgemäße Berufsbezeichnung sein. Idealerweise sollten verschiedene „Profile von Konstrukteuren", Ausbildungswege und Abschlussbezeichnungen unterschieden werden.[51]

Begriffsvorschlag: „Systemkonstrukteur"[52] für den akademisch ausgebildeten Konstrukteur sollte wieder eingeführt werden. Er ist mit der Einführung der CAD-Systeme in den Hintergrund getreten.

Von den Experten identifizierte Problemfelder und Ursachen, die hier adressiert werden:

- Der Begriff „Konstrukteur" ist veraltet und unattraktiv.
- Das Berufsbild ist unscharf.

Vorschlag 2: Frühzeitig für Technik und Konstruktion begeistern

Der Ingenieur- und insbesondere auch der Konstrukteurberuf wird von jungen Menschen nicht als interessanter und kreativer Beruf wahrgenommen. Er stellt damit auch keine Option für den eigenen Berufsweg dar. Um dem entgegenzuwirken empfiehlt sich einerseits, bereits früh für technische und naturwissenschaftliche Phänomene zu begeistern und Vorstellungen von technischen Berufen zu schärfen. Hierfür gibt es bereits Ansätze (beispielsweise „Treffpunkt Technik in der Schule"[53], Zukunftstage[54], Girls' Day[55] und Mädchen-Technik-Kongress[56]).

Oftmals wirken diese Maßnahmen jedoch nur punktuell. Sie sollten daher systematisiert, aufeinander abgestimmt sowie verstärkt werden. Eine frühe Berufsorientierung ermöglichen außerdem Schülerpraktika in Konstruktionsabteilungen von Unternehmen, Projektarbeiten in und mit Firmen, Unternehmensexkursionen und Besichtigungen von Konstruktionsabteilungen. Ebenso ist vorstellbar, Mentorenprogramme zu initiieren, in denen ein oder mehrere Schüler über einen längeren Zeitraum gemeinsam mit einem Ansprechpartner eines Unternehmens (Mentor) verschiedene Unternehmensbereiche kennenlernen. Solche Projekte könnten in die Schulcurricula integriert werden. Sie setzen allerdings ein verstärktes Engagement von Firmen und Verbänden und die Bereitstellung entsprechender Ressourcen voraus.

Zu empfehlen ist auch, in Schulbüchern verstärkt Beispiele für technische und naturwissenschaftliche Phänomene

---

[51] Anmerkung der Projektgruppe: Neben den im Workshop benannten negativen Begriffskonnotationen (veraltet und unattraktiv) gibt es auch positive Aspekte des Berufsbilds, die schlichtweg stärker herausgestellt werden sollten, hierzu gehört insbesondere die schöpferische Arbeit eines Konstrukteurs, die Synthese.

[52] Anmerkung der Projektgruppe: Der Begriff Systemkonstrukteur wurde im Workshop mehrfach verwendet und auch in nachgelagerten Gesprächen mit Vertretern aus der Industrie positiv aufgenommen. Er soll das Verständnis des modernen Konstrukteurs für das Gesamtsystem betonen. In der Tätigkeit des Systemkonstrukteurs liegt der Fokus auf der Synthese. Er gestaltet sein System und kennt und berücksichtigt die Wechselwirkungen mit Sub- und Supersystemen. Demgegenüber ist der Schwerpunkt beispielsweise des Validierungsingenieurs die Analyse. Der Validierungsingenieur untersucht das System und prüft die Wechselwirkungen mit dem Sub- und Supersystemen. Beide gehören der Gruppe der Entwicklungsingenieure an.

[53] Vgl. http://www.treffpunkt-technik-schule.de/.

[54] Vgl. zum Beispiel http://zukunftstagbrandenburg.de.

[55] Vgl. http://www.girls-day.de/.

[56] Vgl. http://www.mst-ausbildung.de/mt-kongress/.

und für technische Berufe zu nutzen sowie ingenieurtechnische Inhalte zu integrieren. Dies kann selbstverständlich nur in Einklang mit anderen Fächern und ihren Lernzielen erfolgen.

Für die gezielte Ansprache, Information und Berufsorientierung junger Menschen sind andererseits frei verfügbare und zielgruppenadäquate Informationsmaterialien, zum Beispiel web-basiert, sowie ein Marketingkonzept für die Verbreitung des Berufsbilds notwendig. Als Kommunikationskanäle könnten neben den Arbeitsagenturen und Berufsberatungszentren auch Vereine, Verbände und Unternehmen dienen. Die Medien können dazu beitragen, die Popularität des Konstrukteurs in der breiten Öffentlichkeit zu fördern. Gegenwärtig fokussieren beispielsweise Fernsehbeiträge eher auf andere Berufe und Karrierewege. Zu empfehlen ist, die gesamte Vielfalt an Ingenieurberufen und insbesondere auch den Konstrukteurberuf abzubilden. Zum Konstrukteur wären Dokumentationen zu den „Machern von Produkten" oder „Was wäre die Welt ohne Konstrukteure" denkbar. Es darf allerdings kein Scheinbild des Konstrukteurberufs aufgebaut werden.

Von den Experten identifizierte Problemfelder und Ursachen, die hier adressiert werden:

— Schüler haben kaum eine Vorstellung von dem Beruf des Konstrukteurs.
— Es gibt kaum Informationen über den Beruf des Konstrukteurs.
— Erst spät im Ingenieurstudium – nach den ersten grundlagenorientierten Semestern – klärt sich das Berufsbild.
— Der Konstrukteur wird in Film und Fernsehen selten dargestellt. Er wird gesellschaftlich kaum wahrgenommen.

Vorschlag 3: Das Studium an notwendigen Befähigungen und Kompetenzen ausrichten

Moderne Produkte entspringen heute nicht mehr nur einer Disziplin. Vielmehr entscheidet häufig das Zusammenspiel zahlreicher Disziplinen über den Produkterfolg. Im Studium werden Studieninhalte jedoch häufig getrennt in einzelnen Disziplinen vermittelt. Oftmals ist das nicht anders möglich. Dennoch sollte auch die Wichtigkeit des Zusammenspiels der Disziplinen ausreichend dargestellt und die Ausbildung an den für den Beruf notwendigen Befähigungen und Kompetenzen ausgerichtet werden. Die Modularisierung des Studiums und des Prüfungsbetriebs bietet hierfür viele Chancen. Anstelle einer Reihe von Prüfungen in technischer Mechanik, technischem Zeichnen usw. könnte beispielsweise eine Modulprüfung treten, in der ein System konstruiert, dimensioniert und schließlich gezeichnet wird. Die Vorlesungsinhalte müssten um durchgängige Praxisbeispiele ergänzt werden. Denkbar ist auch, komplexe Beispielsysteme zu identifizieren, an dem viele Fachgebiete und deren Zusammenspiel beziehungsweise deren Zielkonflikte erläutert und erlernt werden können. Eine solch umfassende Neustrukturierung der Lehrinhalte setzt eine verstärkte Vernetzung der jeweiligen Lehrenden voraus.

Von den Experten identifizierte Problemfelder und Ursachen, die hier adressiert werden:

— Bei der Wissensvermittlung im Studium gibt es zu wenig Praxis- oder Produktbezüge, womit auch die für Konstrukteure typische Identifikation mit dem Produkt fehlt.
— Die Ausbildung orientiert sich noch immer zu wenig an den für den Beruf notwendigen Befähigungen und Kompetenzen.
— Die Ausbildung orientiert sich noch immer stark an den Einzeldisziplinen, obwohl gerade Konstruktion viele Disziplinen vereint.
— Das motivierende Alleinstellungsmerkmal der Konstruktion – die kreative Synthese – wird im Studium kaum vermittelt.

Vorschlag 4: Neue Lehrformate für eine berufsnahe Ausbildung schaffen

> Teamprojekte in das Studium integrieren

Ob eine Konstruktion erfolgreich ist oder nicht, entscheidet sich erst im Zusammenspiel zahlreicher Details. Ihre Motivation ziehen Konstrukteure nicht aus dem Meistern einer Einzeldisziplin, sondern aus dem funktionierenden fertigen Produkt. Es empfiehlt sich daher, bereits im Studium den kompletten Produktentstehungsprozess eines technischen Systems einschließlich Fertigung und Inbetriebnahme kennenzulernen. Dadurch gewinnt der Student einen Überblick über das Tätigkeitsspektrum, wird in wesentlichen Kernkompetenzen der Konstruktion geschult und kann sich mit dem Ergebnis seines Handelns – dem Produkt – identifizieren.

Förderlich sind Projekte in Zusammenarbeit mit Firmen. Solche Projektaufgaben bereiten gut auf den Berufsalltag vor, wenn mehrere Studiengänge beteiligt sind, wie das beispielsweise bei Initiativen wie Formula Student[57], anderen studentischen Entwicklungsteams oder studentischen Ingenieurbüros der Fall ist. Von der engen Zusammenarbeit zwischen Hochschulen und Industrie profitieren auch die Unternehmen: Sie können frühzeitig potenziellen Fachkräftenachwuchs kennenlernen.

Die systematische Einbindung solcher Maßnahmen in das Studium erfordert eine fächerübergreifende Verständigung über die Bewertung der Leistungen. Außerdem implizieren Projekte gegenüber dem klassischen Vorlesungsbetrieb einen erhöhten Arbeits-, Zeit-, Koordinations- und Ressourcenaufwand für Hochschulen und für Unternehmen. Hier sind duale Studiengänge klar im Vorteil. Einerseits ist eine Integration solcher Projekte in die Praxisphasen dualer Studiengänge mit einem vergleichsweise geringen Aufwand verbunden und wird ohnehin unlängst praktiziert. Andererseits erfolgen die Projekte dann unter industrieüblichen Arbeits- und Produktionsbedingungen und im betrieblichen Sozialgefüge, sodass der Studierende bereits früh an „berufliche Ernstsituationen" gewöhnt wird.

> Ziele verändern sich – Frustrationstoleranz[58] schulen

Im Studium gibt es in der Regel definierte Übungsaufgaben und klare Abgabefristen. Zu jeder Aufgabe existiert eine Musterlösung. Im Berufsalltag ist die praktische Synthesefähigkeit von Konstrukteuren jedoch geprägt von Iterationen und Anpassungen, getrieben durch sich dynamisch verändernde Ziele. Auf diese Arbeitsaufgaben, auf sich verändernde Ziele, auf den Umgang mit einem dynamischen Konstrukteuralltag und eine damit notwendige Frustrationstoleranz muss das Studium besser vorbereiten. Trainieren könnten Studierende dies in realitätsnahen Projekten, in denen nicht alle Informationen von Anfang an zur Verfügung stehen, oder durch offene Aufgabenstellungen, deren Klärung und Definition den ersten Teil der Aufgabe bilden. Eine derartige Gestaltung von Lern- und Arbeitsaufträgen setzt neben der entsprechenden hochschuldidaktischen Qualifizierung des Lehrpersonals voraus, dass man Studierende vorab für die Dynamik von Entwicklungszielen sensibilisiert. Darüber hinaus können solche Aufgaben nur dann sinnvoll bewertet werden, wenn auch der Lösungsweg und nicht allein das Ergebnis in die Beurteilung einfließt. Das setzt eine intensivere Betreuung und klar nachvollziehbare Bewertungskriterien für die Beurteilung eines gewählten Lösungsweges voraus.

> Verstärkt im Studium Präsentieren lehren und lernen

Konstrukteure gelten allgemein als introvertiert, kommunikations- und präsentationsscheu. Um dem gezielt entgegenzuwirken, sollten bereits früh im Studium Erfolgserlebnisse

---

57 Vgl. http://www.formulastudent.de/.
58 Die Frustrationstoleranz beschreibt die individuelle Fähigkeit, eine frustrierende Situation über längere Zeit auszuhalten, ohne die objektiven Faktoren der Situation zu verzerren (siehe Stauss et al. 2004). Für Ingenieure ist sie die individuelle Fähigkeit, eine frustrierende (frustratio = Täuschung einer Erwartung) Situation über längere Zeit nicht nur zu ertragen, sondern die Enttäuschung (zum Beispiel sich nachträglich verändernde Ziele oder Randbedingungen) in neue Lösungen umzusetzen. Sie ist insbesondere für Konstrukteure eine wichtige Eigenschaft (siehe Albers et al. 2009).

und Spaß am Präsentieren vermittelt und angehende Konstrukteure an regelmäßiges Präsentieren gewöhnt werden. Zwar sind Präsentationen durch Studierende vielerorts bereits im Studium enthalten. Sie müssen aber ein kontinuierlicher, fest verankerter und verpflichtender Bestandteil des Studiums werden, für den auch entsprechende Personalressourcen und Unterrichtszeit einzuplanen sind. Neben der Präsentation von Arbeitsergebnissen könnten auch außercurriculare Vorträge wie Präsentationen über den eigenen Studiengang an Schulen angerechnet werden. Weiterhin ist denkbar, das Präsentationsengagement der Studierenden zu fördern, indem durch Präsentationen Klausurnoten aufgebessert werden können. Grundlegend hierfür ist allerdings, dass Präsentationsfähigkeiten und -techniken gezielt heraus- und weitergebildet werden, was auch bei den Lehrenden entsprechende Kompetenzen und hochschuldidaktische Vorbereitung voraussetzt. Wichtig ist auch, dass Studienanfänger und Studierende durch diese Maßnahmen nicht abgeschreckt werden, sondern für ihre Notwendigkeit und die positiven Wirkungen eines Eigenmarketings sensibilisiert werden.

Von den Experten identifizierte Problemfelder und Ursachen, die hier adressiert werden:

— Einen Konstrukteur muss man „auf die Bühne schieben", er ist also selten bereit, für sich Marketing zu machen.
— Der Konstrukteur hat verlernt, verständlich zu kommunizieren und zu vermitteln, was er tagtäglich tut.
— Die Ausbildung orientiert noch immer zu wenig an den für den Beruf notwendigen Befähigungen und Kompetenzen.
— In der Lehre dominieren akademische Aufgabenstellungen, die sich von realen Arbeitsaufgaben gravierend unterscheiden und damit nicht ausreichend auf das Berufsleben vorbereiten.
— Konstruktionsmethodik kommt im Studium häufig zu kurz, zum Beispiel die Vorgehensweise beim Konstruieren und der sinnvolle Aufbau von CAD-Modellen.
— Es gibt im Studium zu wenig Projekt(gruppen)arbeit, sodass der Konstrukteur unbewusst zum Einzelkämpfer und nicht zum Teamplayer erzogen wird.
— Bei der Vermittlung von Wissen im Studium gibt es zu wenig Praxis- oder Produktbezüge, womit auch die für Konstrukteure typische Identifikation mit dem Produkt fehlt.
— Das motivierende Alleinstellungsmerkmal der Konstruktion – die kreative Synthese – wird im Studium kaum vermittelt.

Vorschlag 5: Stellenausschreibungen mit Bedacht formulieren

Weder in der Hochschulausbildung noch in Stellenangeboten wird vermittelt, was von Berufseinsteigern in der Konstruktion vom ersten Arbeitstag an erwartet wird und was normalerweise erst im Beruf erlernt werden kann. Die in Stellenanzeigen aufgezählten Anforderungen und verlangten Erfahrungen scheinen oftmals völlig überzogen zu sein. Das wirkt abschreckend auf potenzielle Bewerber und hinterlässt ein negatives Berufsimage bei Berufsanfängern. Stellenanzeigen prägen aber auch die öffentliche Wahrnehmung einer Berufsgruppe. Dem sollten Unternehmen in ihren Stellenanzeigen Rechnung tragen. Die gewünschten Anforderungen an den Stelleninhaber sollten realistisch und nachvollziehbar formuliert werden. Es sollte beispielsweise klar vermittelt werden, dass ein Konstrukteur nicht von Anfang an alles können muss, sondern Lernen im Beruf üblich und auch erwünscht ist.

Von den Experten identifizierte Problemfelder und Ursachen, die hier adressiert werden:

— Erfolgreiches Konstruieren braucht viel Erfahrung.

Vorschlag 6: Wertschöpfung der Konstrukteure deutlicher messbar und sichtbar machen

Das Bild des Konstrukteurs im Unternehmen wird oft durch fehlerhafte Arbeitsergebnisse geprägt. Sein Beitrag zur Wertschöpfung bleibt meist unklar, Konstruktionsfehler können jedoch explizit auf ihn zurückgeführt werden. Indem gute Arbeitsergebnisse und Erfolge von Konstrukteuren im Unternehmen sichtbar gemacht werden, soll das Bild des Konstrukteurs und damit auch seine Wertschätzung verbessert werden. Dazu kann die betriebsinterne Veröffentlichung und Verbreitung von ohnehin erfassten Kennzahlen beitragen. Als Beispiele seien hier die Bekanntgabe erfolgreicher Neuentwicklungsprojekte, von Erfindungsmeldungen und Patentanmeldungen, eventuell inklusive der Arbeitnehmervergütungen, sowie die Integration konstruktiver Maßnahmen in das betriebliche Vorschlagswesen genannt. Ebenso könnte das Umsatzvolumen der Produkte, an welchen ein Konstrukteur mitgewirkt hat, transparent dargestellt werden – ähnlich wie bei einem Vertriebsingenieur. Eine derartige Erhöhung der Transparenz steht allerdings immer im Konflikt mit der Wahrung von Personal- und Betriebsgeheimnissen. So würden dadurch nicht nur Kosten veröffentlicht, welche bisher in der Regel der Geheimhaltung unterliegen (der Wert eines Patents zum Beispiel). Die Bekanntgabe von internen Entwicklungsprojekten und Ergebnissen kann zudem den Wettbewerbsvorteil mindern. Eine transparentere Bewertung der einzelnen Konstrukteure kann darüber hinaus den internen Konkurrenzkampf über ein gesundes Maß hinaus steigern. Dies ist insbesondere dann gefährlich, wenn die zugrunde gelegten Kennzahlen nur bedingt das Arbeitsergebnis widerspiegeln, wie beispielsweise bei Patentbewertungen, und so die Gefahr einer Scheinbewertung besteht. Hier ist also eine Balance zwischen Transparenz und Belobigung einerseits und Wahrung von Datenschutz, Wettbewerbsvorteilen und des Betriebsklimas andererseits zu finden.

Von den Experten identifizierte Problemfelder und Ursachen, die hier adressiert werden:

- Die von Konstrukteuren erzielte Wertschöpfung ist nicht direkt messbar und wird oft nicht transparent gemacht, ihre Fehler allerdings schon
- Die Konstruktionsabteilung gilt eher als „Kostenstelle", während das Geld an andere Stelle verdient wird.

Vorschlag 7: Die Spezialistenlaufbahn (wieder)beleben

Wenn die Wertschätzung im Unternehmen gering ist und der Beruf sich als „Sackgasse" erweist, haftet das negativ am Berufsimage. Der Beruf wird dann allenfalls als Einstieg ins Unternehmen und als Sprungbrett in andere Bereiche genutzt. Es sollte daher auch möglich sein, als Konstrukteur Karriere zu machen. Hier bietet sich die einst propagierte, aber selten gelebte Fachkarriere an. Sie sollte explizit in die Unternehmensstrukturen integriert werden, sodass Stellen für Fachspezialisten verschiedener Ebenen vergleichbar mit Stellen mit Personalverantwortung gestaltet werden, also monetär wie nichtmonetär ebenso attraktiv sind.

Von den Experten identifizierte Problemfelder und Ursachen, die hier adressiert werden:

- Konstrukteure werden im Vergleich zu anderen Ingenieurgruppen geringer besoldet.
- Konstruktion gilt als „Karrieresackgasse".
- Das Konzept der Fachkarriere als Alternative zur Führungskarriere hat in der Wirtschaft noch nicht Fuß gefasst.

Vorschlag 8: Methodenkompetenz in der Arbeitsbeurteilung gesondert und explizit bewerten und benennen

Methodenkompetenz ist der Kern der Konstrukteurkompetenzen. An den Hochschulen wird daher Methodenwissen vermittelt. Im Unternehmen werden ausgewählte Methoden dann je nach Bedarf erweitert, spezifiziert oder vertieft. Meist erfolgt das „im Prozess der Arbeit". Die damit erworbene (spezifische) Methodenkompetenz steigert den Mehrwert eines Konstrukteurs im Unternehmen und im

Wettbewerb mit Fachkollegen erheblich. Anders als bei werkzeug- und branchenspezifischer Fachkompetenz wird diese Methodenkompetenz jedoch selten als Lernergebnis, Mehrwert und Vorteil herausgestellt und kommuniziert. Das sollte geändert werden! So könnte die Anerkennung des Konstrukteurberufs verbessert werden, indem spezifische Methodenkompetenzen in Kundenkontakten und -angeboten, in Arbeitsplatzbeschreibungen und Arbeitszeugnissen und – sofern notwendig – auch in Stellenausschreibungen herausgestellt werden.

Von den Experten identifizierte Problemfelder und Ursachen, die hier adressiert werden:

— Konstruktionsmethodik kommt im Studium häufig zu kurz, zum Beispiel die Vorgehensweise beim Konstruieren und der sinnvolle Aufbau von CAD-Modellen.
— Erfolgreiches Konstruieren braucht viel Erfahrung, die im Studium nicht derart vermittelt werden kann.

Vorschlag 9: Neue Weiterbildungsformate etablieren
Gerade in einem Berufsfeld wie der Konstruktion spielt Erfahrungswissen eine große Rolle. Weiterbildung muss an dieses anschließen und neues Erfahrungswissen generieren. Klassische Weiterbildungsformate wie Seminare sind hierfür wenig geeignet. Sie machen für Konstrukteure nur Sinn, wenn sie neue Kenntnisse vermitteln, beispielsweise zu Maschinenrichtlinien, Projektmanagement oder zu neuen CAD-Tools. Um die Kernfähigkeiten eines Konstrukteurs – das Entwerfen, Gestalten und Optimieren von Produkten aus technischer und wirtschaftlicher Sicht – auszubauen und die Potenziale von Erfahrungswissen auszuschöpfen, bietet sich der Austausch mit anderen erfahrenen, eventuell höher qualifizierten Konstrukteuren an, zum Beispiel in Form von Konstruktionsbesprechungen oder auch Reverse Engineering (Analyse von Wettbewerbsprodukten). Dieser Austausch darf aber nicht nur zufällig im Arbeitsalltag erfolgen, sondern muss zielgerichtet, systematisch und regelmäßig stattfinden und in der Summe ein breites Themenfeld adressieren. Ein solches Weiterbildungsformat muss im Betrieb auch als Weiterbildung gelebt und unterstützt werden.

Von den Experten identifizierte Problemfelder und Ursachen, die hier adressiert werden:

— Es findet selten gezielte Weiterbildung im Unternehmen im Sinne eines „lebenslangen Lernens" statt.
— Oftmals fehlen geeignete Weiterbildungsformate, in denen zum Beispiel Berufserfahrung systematisch aufgegriffen wird.
— Weiterbildungsangebote zu Kernfähigkeiten des Konstrukteurs fehlen, beispielsweise zu „werkstoff-, fertigungs- und kostengerechtem Gestalten[59]" oder „neuen Methoden des Systemleichtbaus".

6.4 ZUSAMMENFASSUNG

In den zwei durchgeführten Experten-Workshops wurden das Bild vom Konstrukteur, Aus- und Weiterbildungsmöglichkeiten und der Beruf sowie die Berufstätigkeit untersucht. Ziel war es, Problemfelder und Ursachen herauszustellen, die in Zukunft zu einem Konstrukteurmangel führen könnten, sowie konkrete Lösungsansätze vorzuschlagen.

Die von den Experten identifizierten Problemfelder und Ursachen sind sehr vielfältig und reichen von einem unscharfen, weitläufigen Berufsbild über eine stark an Einzeldisziplinen und nicht an Berufskompetenzen orientierte Hochschulausbildung bis hin zu (wahrgenommenen) Benachteiligungen im Beruf. Damit wurde allerdings lediglich ein erstes problemorientiertes Meinungsbild gezeichnet, das keinen Anspruch auf Vollständigkeit erhebt.

Die vorgeschlagenen Lösungsansätze zielen entweder darauf ab, mehr Menschen für den Beruf des Konstrukteurs zu

---

[59] Neue Werkstoffe, wie zum Beispiel Hochleistungskeramiken und Faserverbundwerkstoffe, mit dazugehörigen neuen Herstellprozessen erfordern völlig neue Herangehensweisen bei der Gestaltung.

Experten-Workshops

begeistern, um auf diese Weise die Zahl der verfügbaren Konstrukteure in Zukunft zu erhöhen, oder sie sind darauf ausgerichtet, angehende Konstrukteure noch besser auf den Beruf vorzubereiten.

Viele der vorgeschlagenen Lösungsansätze adressieren die Hochschulen und zielen insbesondere auf eine Verbesserung der Qualität der dortigen Konstrukteurausbildung. Sie setzen jedoch nicht nur bei den fachlichen und methodischen Kompetenzen an, sondern auch bei fächerübergreifenden Kompetenzen.

Ebenso richten sich die Vorschläge jedoch an die Unternehmen. Es geht dabei vor allem um die wahrgenommene Wertschätzung des Konstrukteurs, aber auch um ein Engagement der Firmen bei der Berufsorientierung und Berufsinformation sowie bei der Praxisorientierung des Studiums. Damit ist klar: *Die Unternehmen tragen eine hohe Verantwortung bei der Umsetzung von Maßnahmen gegen einen zukünftigen Konstrukteurmangel.*

FAZIT UND AUSBLICK

ALBERT ALBERS, BEREND DENKENA UND SVEN MATTHIESEN

"Ein guter Konstrukteur hat das Ganze im Blick und weiß, wie sein Bauteil im ganzen System wirkt und vor allem, was eine Änderung im Kleinen im Großen bewirkt."

Mit diesem Zitat eines Industrievertreters und Mitglieds der Projektgruppe wird der Konstrukteur von morgen sehr treffend beschrieben. Konstrukteure werden auch in Zukunft Entwickler, Treiber und Gestalter neuer mechanischer und mechatronischer Produkte sein, die sich fortwährend mit neuen Materialien, Prozessen und Technologien auseinandersetzen müssen. Sie sind gleichzeitig auch Manager, die Projekte und Produkte selbstständig planen, steuern und kontrollieren und dabei stets auf Qualität, Kosten, aber auch Ressourcenschonung und Nachhaltigkeit achten. Und sie sind kreative Menschen, die schöpferisch arbeiten. Entscheidend für die Arbeit zukünftiger Konstrukteure ist es jedoch, stets das Ganze im Auge zu behalten.

Der Konstrukteur von morgen braucht neben klassischem Konstruktions-Know-how, wie Kenntnisse zu Maschinenelementen, Funktionsgruppen, Fertigungs- und Montagetechnik, und räumlichem Vorstellungsvermögen zunehmend Kenntnisse in Informatik, Simulationstechnik, Elektrotechnik und Mechatronik. Er muss aber auch im Projektmanagement firm sein sowie ganzheitliches Denken, Kreativität, Kommunikations- und Problemlösungsfähigkeit mitbringen.

Wie kann er diese Kenntnisse und Fähigkeiten erwerben? Grundsätzlich sind verschiedene Bildungswege denkbar. Im vorliegenden Projekt wurde vor allem die Hochschulausbildung von Konstrukteuren untersucht, in den meisten Fällen ein Ingenieurstudium.

Bei jungen Menschen gilt ein Ingenieurstudium allerdings als anspruchsvoll und zeitaufwändig, und Berufe wie Arzt und Pilot genießen eine größere gesellschaftliche Aufmerksamkeit und ein besseres Image. Dadurch haben technische Berufe im Wettbewerb um talentierte Schulabgänger oftmals das Nachsehen. Hinzu kommt, dass in der öffentlichen Wahrnehmung die Begriffe Konstrukteur, Maschinenbauer und Ingenieur meist zu einem diffusen Bild verschwimmen. Es ist daher wenig verwunderlich, dass Jugendliche oftmals keine Vorstellung vom Konstrukteurberuf haben und ihre Berufswahl selten gezielt auf ihn fällt.

Die Hochschulen stehen damit vor der großen Herausforderung, eine zeitgemäße und zukunftsweisende Konstrukteurausbildung anzubieten, die gleichzeitig den Erwartungen der Industrie gerecht wird und sich attraktiv für Studierende präsentiert. Hier besteht einiger Handlungsbedarf – vor allem im Bereich der Grundlagenvermittlung, der Praxisrelevanz und Berufsqualifizierung des Studiums, der Lehr- und Lernformen und der Vermittlung sogenannter Soft Skills, aber auch in der Kommunikation und Bewerbung entsprechender Studienangebote.

Den Unternehmen muss es gelingen, den Beruf des Konstrukteurs und sich selbst als Arbeitgeber für Konstrukteure attraktiv zu gestalten und damit einem möglichen Konstrukteurmangel entgegenzuwirken. Auf die Politik kommt die verantwortungsvolle Aufgabe zu, in Deutschland Rahmenbedingungen für eine erstklassige Konstrukteurausbildung, attraktive Arbeitsbedingungen zu schaffen und ein angemessenes Ansehen des Konstrukteurberufs in der Gesellschaft voranzutreiben. Anhand der empirischen Ergebnisse des Projekts und der Anregungen von Experten schlägt die Projektgruppe daher folgende zehn Handlungsempfehlungen[60] vor:

1. Die Berufsbezeichnung Konstrukteur und das Berufsbild müssen geschärft werden. Beispielsweise empfiehlt die Projektgruppe die (Wieder-) Einführung der Berufsbezeichnung „Systemkonstrukteur" mit einer entsprechenden wissenschaftlichen Qualifizierung.

2. Junge Menschen müssen frühzeitig für Technik und Konstruktion begeistert werden.

---

[60] Für eine ausführliche Beschreibung der Handlungsempfehlungen siehe acatech 2012.

3. Der Konstruktionsberuf muss stärker beworben, die attraktive Seite des Berufs stärker herausgestellt werden.

4. Die Kommunikation der Hochschulen zu Studienangeboten im Bereich Konstruktion muss verbessert werden.

5. Im Studium sollte besser auf eine Konstruktionstätigkeit vorbereitet werden. Konstruktionsrelevante Kompetenzen, die zur Synthese von Produkten befähigen, müssen stärker ins Zentrum gerückt und die Grundlagenvermittlung verbessert werden. Das Studium sollte aber auch auf ein lebenslanges Lernen vorbereiten und Studierende dazu befähigen, sich neue Kompetenzbereiche selbstständig zu erschließen.

6. Innovative Lehr- und Lernformate – zum Beispiel Teamprojekte, offene Aufgabenstellungen und kontinuierliche Präsentationsmöglichkeiten für Studenten – sollten im Studium fest verankert werden.

7. Stellenausschreibungen sollten hinsichtlich des erforderlichen Kompetenzprofils mit mehr Bedacht formuliert werden, um mehr potenzielle Bewerber zu erreichen.

8. Unternehmen müssen Konstrukteuren Wertschätzung und Karriereperspektiven geben.

9. Die Kreativität und spezifische Methodenkompetenz eines Konstrukteurs müssen stärker herausgestellt werden. Sie steigern seinen Mehrwert gegenüber Mitbewerbern und Kollegen und damit auch seine Anerkennung.

10. Es müssen neue Weiterbildungsformate für Konstrukteure etabliert werden.

Die Untersuchungen und Gespräche im Projekt „Konstrukteur 2020" haben aber auch Forschungsdesiderata aufgezeigt und neue Fragen aufgeworfen, unter anderem zu folgenden Themen:

> **Aufgabenspektrum und Anforderungsprofil von Konstrukteuren**

Im Projekt „Konstrukteur 2020" konnten lediglich erste Einblicke in das Aufgabenspektrum und Anforderungsprofil von Konstrukteuren gewonnen werden. Diese Ergebnisse können keinen Anspruch auf Repräsentativität und Vollständigkeit erheben. Für ein umfassendes Bild vom Konstrukteurberuf sind daher repräsentative Studien notwendig.

> **Bildungs- und Berufsverläufe von Konstrukteuren**

Welche Bildungswege Konstrukteure beschritten haben und welcher sich am besten für die jeweilige Konstruktionstätigkeit eignet, ist unklar. Auch liegen nur lückenhafte Informationen zum Anteil jener Ingenieurstudenten vor, die sich auf Konstruktion spezialisieren. Ebenso fehlen repräsentative Daten zu den Motiven der Wahl dieser Vertiefungsrichtung und der Berufswahl Konstrukteur sowie zum beruflichen Verbleib.

> **Erfolgreiche Maßnahmen gegen Engpässe an Konstrukteuren**

In Gesprächen mit Industrievertretern zeigte sich, dass einige Unternehmen bereits auf Engpässe an Konstrukteuren reagiert und Strategien und spezifische Maßnahmen zur Rekrutierung und langfristigen Bindung von Konstrukteuren eingeführt haben. Es wäre daher wichtig zu erfahren, welche sich als besonders erfolgreich und vorbildlich im Sinne von Best Practices erweisen.

Die Behebung dieser Desiderata im Rahmen weiterer Forschungsaktivitäten und schlussendlich ihre Beantwortung ist gleichzeitig unsere abschließende Empfehlung an Wissenschaft und Politik.

LITERATUR- UND INTERNETQUELLEN

acatech 2012
acatech (Hrsg.): *Faszination Konstruktion – Berufsbild und Tätigkeitsfeld im Wandel. Empfehlungen zur Ausbildung qualifizierter Fachkräfte in Deutschland* (acatech POSITION), Heidelberg u. a.: Springer Verlag 2012.

Albers et al. 2009
Albers, A./Düser, T./Burkardt, N.: *More than Professional Competence – The Karlsruhe Education Model for Product Development (KaLeP)*, 2nd International CDIO Conference 2009.

Albers et al. 2010
Albers, A./Denkena, B./Becke, C./Charlin, F./Robens, G./Deigendesch, T.: *Vorerhebung: Der Konstrukteur – Bedarfe, Anforderungen und Ausbildung*, 2010 (unveröffentlichtes Dokument).

BA 2011
Bundesagentur für Arbeit: *Hintergrundinformation – Aktuelle Fachkräfteengpässe*, Nürnberg 2011.

Bargel et al. 2007
Bargel, T./Multrus, F./Schreiber, N.: *Studienqualität und Attraktivität der Ingenieurwissenschaften. Eine Fachmonographie aus studentischer Sicht*, Bonn/Berlin: Bundesministerium für Bildung und Forschung 2007. URL: http://nbn-resolving.de/urn:nbn:de:bsz:352-opus-117106 [Stand: 21.05.2012].

Brown/Isaacs 2007
Brown, J./Isaacs, D.: *Das World Café. Kreative Zukunftsgestaltung in Organisationen und Gesellschaft*, Heidelberg: Carl-Auer Verlag 2007.

FBTM 2012
Fachbereichstag Maschinenbau der Fachhochschulen der Bundesrepublik Deutschland: *Positionspapier als Empfehlung für die Bachelor- und Master-Ausbildung der maschinenbaulichen und artverwandten Studiengänge an Hochschulen (FH) in Deutschland*. URL: http://www.fbt-maschinenbau.de/uploads/FBTM_Posi.pdf [Stand: 25.05.2012].

Fischer/Minks 2008
Fischer, L./Minks, K.-H.: *Acht Jahre nach Bologna – Professoren ziehen Bilanz. Ergebnisse einer Befragung von Hochschullehrern des Maschinenbaus und der Elektrotechnik* (Hochschulinformationssystem HIS: Forum Hochschule 3/2008), Hannover 2008. URL: http://www.his.de/pdf/pub_fh/fh-200803.pdf [Stand: 21.05.2012].

FH Stralsund 2010
Fachhochschule Stralsund: *Wir über uns*. URL: http://www.fh-stralsund.de/fh_stralsund/powerslave,id,39,nodeid,.html [Stand: 15.11.2010].

Heine et al. 2006
Heine, C./Egeln, J./Kerst, C./Müller, E./Park, S.: *Bestimmungsgründe für die Wahl von ingenieur- und naturwissenschaftlichen Studiengängen. Ausgewählte Ergebnisse einer Schwerpunktstudie im Rahmen der Berichterstattung zur technologischen Leistungsfähigkeit Deutschlands* (HIS-Kurzinformation: A2/2006), Hannover 2006. URL: http://www.his.de/pdf/pub_kia/kia200602.pdf [Stand: 21.05.2012].

HS Esslingen 2010
Hochschule Esslingen: *Daten und Fakten*. URL: http://www.hs-esslingen.de/de/hochschule/profil/daten-und-fakten.html [Stand: 15.11.2010].

HS Mittweida 2010
Hochschule Mittweida: *Studieren, Forschen und Leben in Mittweida*. URL: www.hs-mittweida.de [Stand: 15.11.2010].

IWV 2011
Institut für wissenschaftliche Veröffentlichungen (IWV): *Wo kann ich Maschinenbau studieren?* URL: http://www.institut-wv.de/index.php/2756/ [Stand: 11.01.2011].

KIT 2010
Karlsruher Institut für Technologie (KIT): *Daten und Fakten*. URL: http://www.kit.edu/kit/daten.php [Stand: 26.10.2010].

Kohnhäuser 2007
Kohnhäuser, E.: *Situation des Maschinenbau-Studiums an Fachhochschulen in Deutschland. Die aktuellen Anforderungen der Praxis und das Angebot der Hochschulen*, Regensburg: Fakultät Maschinenbau, Fachhochschule Regensburg 2007. URL: http://www.verein-der-ingenieure.de/lv/doc/maschinenbau-studie.pdf [Stand: 12.01.2012].

Leibniz Universität Hannover 2010a
Leibniz Universität Hannover: *Die Leibniz Universität Hannover in Stichworten*. URL: http://www.uni-hannover.de/de/universitaet/zahlen/stichworte/ [Stand: 15.11.2010].

Leibniz Universität Hannover 2010b
Leibniz Universität Hannover: *Studierendenstatistik SS 2010*, Hannover 2010, S. 1-11.

Leyendecker 2011
Leyendecker, H.-W.: *Die Woche. Zeitfresser in der Konstruktion abbauen. Eine Sacherzählung*, Frankfurt/Main: VDMA-Verlag 2011.

Morsch et al. 1986
Morsch, R./Neef, W./Wagemann, C.-H.: *Das Elend des Grundstudiums. Ergebnisse einer Verlaufsuntersuchung im Grundstudium des Maschinenbaus und des Bauingenieurwesens an der TU Berlin* (Schriftenreihe: Hochschuldidaktische Materialien, Herausgeber: Arbeitsgemeinschaft für Hochschuldidaktik), Alsbach: Leuchtturm-Verlag 1986.

Pahl et al. 2007
Pahl, G./Beitz, W./Feldhusen, J./Grote, K.-H.: *Konstruktionslehre. Grundlagen erfolgreicher Produktentwicklung. Methoden und Anwendung*, Berlin, Heidelberg: Springer-Verlag 2007, S. 18-23.

Statistisches Bundesamt 2010
Statistisches Bundesamt: *Bildung und Kultur. Studierende an Hochschulen – Wintersemester 2009/2010* (Fachserie 11 Reihe 4.1 – 2010), Wiesbaden 2010.

Statistisches Bundesamt 2011
Statistisches Bundesamt: *Bildung und Kultur. Studierende an Hochschulen – Wintersemester 2010/2011* (Fachserie 11 Reihe 4.1 – 2011), Wiesbaden 2011.

Stauss et al. 2004
Stauss, B./Schmidt, M./ Schöler, A.: „Negative Effekte von Loyalitätsprogrammen – eine frustrationstheoretische Fundierung". In: Meyer, A. (Hrsg.): *Dienstleistungsmarketing: Impulse für Forschung und Management*, Wiesbaden: Deutscher Universitäts-Verlag 2004, S. 297-310.

TU9 2008
TU9 German Institutes of Technology e.V.: *Ausgewählte hochschulstatische Kennzahlen in den MINT-Fächern an deutschen Technischen Universitäten*, Berlin 2008.

Literatur

TU Dortmund 2010
Technische Universität Dortmund: *Zahlen, Daten, Fakten. Sommersemester 2010*, Dortmund 2010, S.1-2.

TU Dresden 2010
Technische Universität Dresden: *Zahlen und Fakten 2010/2011*. URL: http://www.zvm.tu-dresden.de/die_tu_dresden/portrait/zahlen_und_fakten/daten/tud_2011_02_vs.pdf [Stand: 17.01.2010].

TU Ilmenau 2010
Technische Universität Ilmenau: *Die TU Ilmenau in Zahlen*. URL: http://www.tu-ilmenau.de/universitaet/wir-ueber-uns/daten-fakten-zahlen [Stand: 15.11.2010].

VDI 2012a
VDI: *VDI-Richtlinie. VDI-Handbuch Produktentwicklung und Konstruktion*. URL: http://www.vdi.de/401.0.html?&tx_vdirili_pi2[showUID]=89693 [Stand: 21.5.2012].

VDI 2012b
VDI: *Der VDI. Was macht Europas größter technisch-wissenschaftlicher Verein?* URL: http://www.vdi.de/43431.0.html [Stand: 21.5.2012].

VDI 2012c
VDI: *Übersichtsmatrix über die Fachthemen*. URL: http://www.vdi.de/fileadmin/vdi_de/redakteur/mr_r_bilder/mwm/TW_Broschuere_DINlang_Klapper_RZ_Internet.pdf [Stand: 21.5.2012].

VDI/IW 2010
VDI/IW: *Ingenieurarbeitsmarkt 2009/10. Berufs- und Branchenflexibilität, demografischer Ersatzbedarf und Fachkräftelücke* (Studie vom 19. April 2010). URL: http://www.vdi.de/uploads/media/Ingenieur studie_VDI-IW_01.pdf [Stand: 21.5.2012].

VDMA 2012
VDMA: *VDMA Profil*. URL: http://www.vdma.org/wps/portal/Home/de/Verband/VDMA_Ueber_uns/VDMA_Profil [Stand: 21.5.2012].

Vogel/Frerichs 1999
Vogel, B./Frerichs, T.: *Maschinenbau an Universitäten und Fachhochschulen. Struktur- und Organisationsplanung, Bedarfsplanung, Programmplanung*, Hannover: HIS 1999.

Wagner 2011
Wagner, P.: „Eiskalt rausgeprüft. Ingenieure werden gesucht – doch das Studium schreckt viele ab. Die Durchfaller- und Abbrecherquoten sprechen Bände". In: *Die Zeit*, 5, 2011. URL: http://www.zeit.de/2011/05/C-MINT-Abbrecher [Stand: 21.5.2012].

Winter 2009
Winter, M.: *Das neue Studieren – Chancen, Risiken. Nebenwirkungen der Studienstrukturreform: Zwischenbilanz zum Bologna-Prozess in Deutschland* (HoF-Arbeitsbericht 1/2009), Wittenberg 2009. URL: http://www.hof.uni-halle.de/dateien/ab_1_2009.pdf [Stand: 21.5.2012].

Winter 2010
Winter, M.: „Effekte der Studienstrukturreform. Versuch einer Einordnung von Beiträgen der empirischen Hochschulforschung zur Debatte um die Bologna-Reform in Deutschland". In: *Das Hochschulwesen*, Vol. 58, Heft 2, S. 45-55. URL: http://hsdbs.hof.uni-halle.de/documents/t1954.pdf [Stand: 21.5.2012].

Winter/Anger 2010
Winter, M./Anger, Y.: *Studiengänge vor und nach der Bologna-Reform. Vergleich von Studienangebot und Studiencurricula in den Fächern Chemie, Maschinenbau und Soziologie* (HoF-Arbeitsbericht 1/2010), Wittenberg 2010. URL: http://www.hof.uni-halle.de/dateien/ab_1_2010.pdf [Stand: 21.5.2012].

Winter 2011
Winter, M.: „Praxis des Studierens und Praxisbezug im Studium. Ausgewählte Befunde der Hochschulforschung zum „neuen" und „alten" Studieren". In: Schubarth, W./Seidel, A./Speck, K. (Hrsg.): *Nach Bologna: Praktika im Studium – Pflicht oder Kür? Empirische Analysen und Empfehlungen für die Hochschulpraxis*, Potsdam: Verlag der Universität Potsdam 2011, S. 7-43. URL: http://opus.kobv.de/ubp/volltexte/2011/5103/pdf/pbhsf01.pdf [Stand: 21.5.2012].

Wissenschaftsrat 2004
Wissenschaftsrat: *Empfehlungen zum Maschinenbau in Forschung und Lehre* (Drucksache 6209-04), Berlin 2004. URL: http://www.wissenschaftsrat.de/download/archiv/6209-04.pdf [Stand: 21.5.2012].

Witte/Huisman 2008
Witte, J./Huisman, J.: „Der Umbau der ingenieurwissenschaftlichen Studiengänge in Deutschland im Kontext des Bolognaprozesses". In: Benz, W./Kohler, J./Landfried, K. (Hrsg.): *Handbuch Qualität in Studium und Lehre: Evaluation nutzen – Akkreditierung sichern – Profil schärfen! Teil E. Methoden und Verfahren des Qualitätsmanagements: Konzeptentwicklung und innovative Studiengangsplanung*, Stuttgart: Raabe Verlag 2008.

Witzel 2000
Witzel, A.: Das problemzentrierte Interview. In: Forum Qualitative Sozialforschung, 1/2000. URL: http://www.qualitative-research.net/fqs-texte/1-00/1-00witzel-d.htm [Stand 21.05.2012].

Internetseiten zu Formula Student Germany. URL: http://www.formulastudent.de [Stand: 21.05.2012].

Internetseiten zu Treffpunkt Technik in der Schule. URL: http://www.treffpunkt-technik-schule.de/ [Stand: 01.04.2012].

Internetseiten zum Zukunftstag 2012 für Mädchen und Jungen in Brandenburg. URL: http://zukunftstagbrandenburg.de [Stand: 01.04.2012].

Internetseiten zum Girls Day – Mädchen-Zukunftstag. URL: http://www.girls-day.de/ [Stand: 01.04.2012].

Internetseiten der Aus- und Weiterbildungsnetzwerke für Mikrosystemtechnik zum Mädchen-Technik-Kongress. URL: http://www.mst-ausbildung.de/mt-kongress/ [Stand: 01.04.2012].

ANHANG A: FRAGEBOGEN ZUR ELEKTRONISCHEN FAKULTÄTENBEFRAGUNG

acatech in Zusammenarbeit mit **IPEK IFW**

Hochschulbefragung zum Konstrukteur

Die Bearbeitung des Fragebogens nimmt **ca. 10 Minuten** in Anspruch. Wir würden uns freuen, wenn Sie uns mit Ihrer Expertise unterstützen und uns den Fragebogen bis zum **31.01.2011** zurücksenden. Weitere Informationen entnehmen Sie bitte dem Anschreiben.

Allgemeines

1.1 Im Zuge der Bologna-Reform sind zwei grundsätzliche Abschlusstypen möglich: Bachelor / Master of Engineering und Bachelor / Master of Science. Welchen Abschlusstyp bieten Sie an?

☐ Bachelor / Master of Engineering ☐ Bachelor / Master of Science

Die Unterscheidung zwischen „... of Engineering" und „... of Science" soll im Folgenden nicht weiter betrachtet werden.

1.2 Welches ist der übliche Abschluss im Studiengang Maschinenbau an Ihrer Hochschule?

☐ Bachelor ☐ Master ☐ Diplom

1.3 Wie viele Semester umfasst die Regelstudienzeit der beiden gestuften Abschlüsse?

Bachelor ☐ 6 ☐ 7 ☐ 8 ____ Semester
Master ☐ 2 ☐ 3 ☐ 4 ____ Semester

Verständnis des Konstrukteurberufs

2.1 Setzt der Konstrukteur Ihrer Meinung nach Lösungen um oder entwickelt er selbst Lösungen?

sehr gering ☐ ☐ ☐ ☐ ☐ ☐ sehr hoch
(er setzt die Lösungen anderer um)   (er entwickelt selbst die Lösungen)

2.2 Hat sich dies über die letzten Jahre geändert und wie sehen Sie die zukünftige Entwicklung?

In den letzten 10 Jahren ☐ hat abgenommen ☐ keine Veränderung ☐ hat zugenommen
In den kommenden 10 Jahren ☐ wird abnehmen ☐ keine Veränderung ☐ wird zunehmen

2.3 Welche Fähigkeiten und welches Wissen muss ein Konstrukteur aus Ihrer Sicht in der Hochschulausbildung erwerben und wie wird sich dies in den kommenden Jahren ändern? (Bitte in jeder Zeile ein Kreuz setzen!)

	Heute				Zukünftig		
	unwichtig	eher unwichtig	eher wichtig	sehr wichtig	nimmt ab	bleibt gleich	nimmt zu
Analytisches Denken	☐	☐	☐	☐	☐	☐	☐
Design/Formgebung	☐	☐	☐	☐	☐	☐	☐
Dimensionierung	☐	☐	☐	☐	☐	☐	☐
Festlegung von Toleranzen	☐	☐	☐	☐	☐	☐	☐
Fluidtechnik und Hydraulik	☐	☐	☐	☐	☐	☐	☐
Frustrationstoleranz	☐	☐	☐	☐	☐	☐	☐
Grundlagen in Mathematik, Physik und Chemie	☐	☐	☐	☐	☐	☐	☐
Kreativität	☐	☐	☐	☐	☐	☐	☐
Kreativitätstechnik/-methodik	☐	☐	☐	☐	☐	☐	☐
Kenntnisse der Elektrotechnik	☐	☐	☐	☐	☐	☐	☐
Kenntnisse der Fertigungs-/	☐	☐	☐	☐	☐	☐	☐

Faszination Konstruktion

 in Zusammenarbeit mit

	Heute				Zukünftig		
	unwichtig	eher unwichtig	eher wichtig	sehr wichtig	nimmt ab	bleibt gleich	nimmt zu
Produktionstechnik							
Kenntnisse der Informatik	☐	☐	☐	☐	☐	☐	☐
Kenntnisse der Maschinenelemente	☐	☐	☐	☐	☐	☐	☐
Kenntnisse der Mechatronik	☐	☐	☐	☐	☐	☐	☐
Kenntnisse der Werkstoffkunde	☐	☐	☐	☐	☐	☐	☐
Konstruktionsmethodik	☐	☐	☐	☐	☐	☐	☐
Kostenfestlegung und -betrachtung	☐	☐	☐	☐	☐	☐	☐
Mechanisches Verständnis (Statik und Dynamik)	☐	☐	☐	☐	☐	☐	☐
Modellierung (z. B. CAD)	☐	☐	☐	☐	☐	☐	☐
Optimierung (z. B. CAE)	☐	☐	☐	☐	☐	☐	☐
Problemlösungsmethodik	☐	☐	☐	☐	☐	☐	☐
Projektplanung	☐	☐	☐	☐	☐	☐	☐
Räumliches Vorstellungsvermögen	☐	☐	☐	☐	☐	☐	☐
Simulation (z. B. FEM)	☐	☐	☐	☐	☐	☐	☐
Vertieftes Fachwissen (z. B. Fahrzeugtechnik)	☐	☐	☐	☐	☐	☐	☐
Skizzieren von Hand	☐	☐	☐	☐	☐	☐	☐
Projektleitung / -management	☐	☐	☐	☐	☐	☐	☐
Sonstige: _____	☐	☐	☐	☐	☐	☐	☐

2.4 Welche der folgenden Abschlüsse sind für Konstrukteure relevant, damit sie den heutigen und zukünftigen Anforderungen in der Industrie gewachsen sind? (Mehrfachnennung möglich)

Heute: ☐ ☐ ☐ ☐ ☐
Zukünftig: ☐ ☐ ☐ ☐ ☐
    berufliche Ausbildung   Diplom FH   Diplom Uni   Bachelor   Master

2.5 Welchen Abschluss hat Ihrer Meinung nach typischerweise ein Konstrukteur? (Mehrfachnennung möglich)

☐ ☐ ☐ ☐ ☐ ☐
berufliche Ausbildung   Diplom FH   Diplom Uni   Bachelor   Master   keine Angabe

2.6 Würden Sie einen Teamleiter, Abteilungsleiter o. ä. im Bereich Konstruktion bzw. Forschung und Entwicklung auch als „Konstrukteur" bezeichnen?

☐ ja   ☐ eher ja   ☐ eher nein   ☐ nein   ☐ keine Angabe

Ausbildung des Konstrukteurs

3.1 Hat die Umstellung im Rahmen des Bologna-Prozesses auf Bachelor- und Master-Studiengänge Ihrer Meinung nach die Konstrukteursausbildung an Ihrer Hochschule verändert?

☐ ja, zum Positiven   ☐ keine Veränderung zum Diplom   ☐ ja, zum Negativen

Bitte geben Sie bei Veränderungen eine kurze Begründung an:
_____
_____
_____

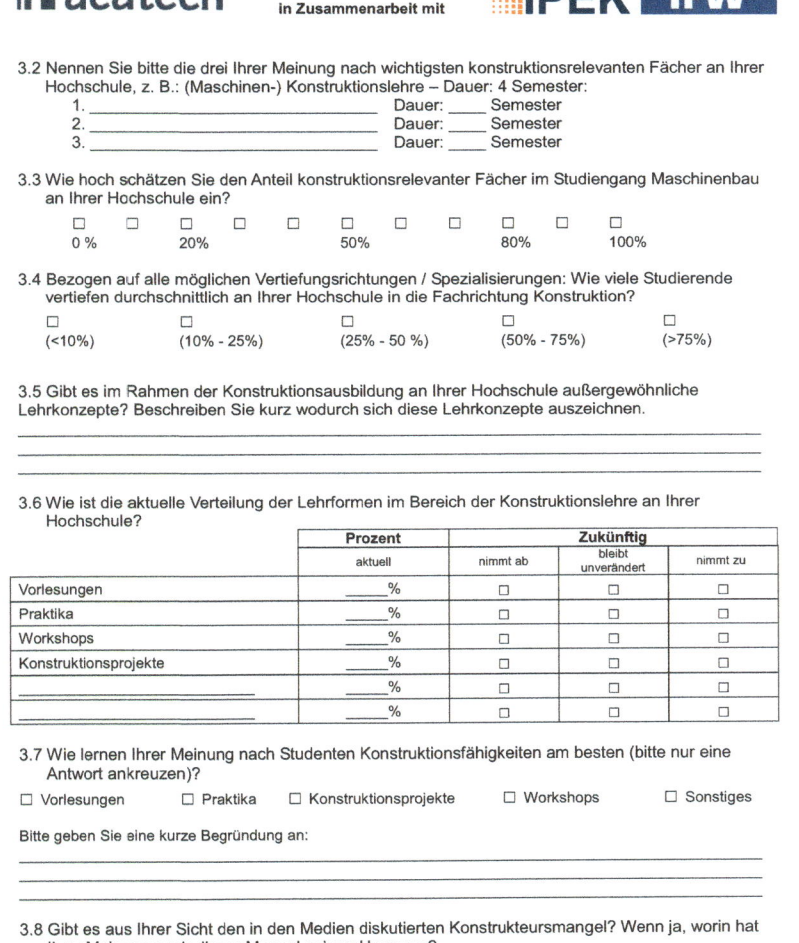

Faszination Konstruktion

 in Zusammenarbeit mit

Anmerkungen/Kommentare

_____
_____
_____
_____

Wir danken Ihnen für Ihre Teilnahme an der Umfrage und Ihre Unterstützung des Projekts „Konstrukteur 2020". Weitere Informationen und Ansprechpartner finden Sie unter
http://www.acatech.de/de/projekte/laufende-projekte/konstrukteur-2020.html.

ANHANG B: AUSFÜHRLICHE STUDIENORDNUNGS-ANALYSE

BEREND DENKENA, BARBARA DENGLER UND PHILIPP HOPPEN

Technische Universität Dortmund

Die TU Dortmund zählt rund 22.300 Studierende in 16 Fakultäten und in 60 Bachelor- und Master-Studiengängen sowie in der Lehrerausbildung. Rund 290 Professoren, 2.155 wissenschaftliche Mitarbeiter und 1.200 nichtwissenschaftliche Mitarbeiter sind an der Universität beschäftigt (siehe Tab. A1)[61]

Tabelle A1: Allgemeine Daten zur TU Dortmund[62]

DATEN DER TU DORTMUND	
Studiengänge	60 Bachelor- und Master-Studiengänge
Studierende	22.300
Professoren	290
Mitarbeiter	2.155

Im Maschinenbau werden gestufte und einstufige Studiengänge angeboten. Die Berechnung der Leistungen erfolgt im Bachelor/Master-Studiengang nach Credit Points (CP), wobei bestimmte Pflichtmodule und eine Auswahl von Wahlmodulen durchlaufen werden müssen. Der Studiengang wird nach Leistungspunkten (LP) berechnet und ist in ein Grund- und Hauptstudium aufgeteilt. Im Grundstudium gibt es einen verbindlichen Fächerkatalog (siehe Tab. A2).

Die Studenten im Bachelor-Studiengang müssen insgesamt 210 CP erreichen, davon sind zwischen zehn und 24 Prozent konstruktionsaffin (siehe Abb. A1). Im Gegensatz zum Vordiplom (siehe Tab A2) und zu den Bachelor-Angeboten anderer Universitäten haben Studierende in Dortmund bereits im Bachelor-Studiengang Wahlmöglichkeiten und können so den Anteil an konstruktionsaffinen Fächern selbst steuern.

Im Master-Studiengang Maschinenbau können maximal 9 Prozent von 90 CP in konstruktionsaffinen Fächern erworben werden (siehe Abb. A2). Damit liegt an der TU Dortmund der Schwerpunkt im Fach Maschinenbau nicht im Bereich der Konstruktion.

Das Diplom wird in Leistungspunkten (LP) berechnet. Das Vordiplom umfasst 50 LP, von welchen 24, also fast die Hälfte, konstruktionsaffin sind (siehe Abb. A3). Im Hauptstudium ist von insgesamt 120 LP bis zu einem Viertel konstruktionsaffin (siehe Abb. A4).

Tabelle A2: Allgemeine Studieninformationen TU Dortmund

STUDIENGANG	SEMESTER	CP/LP	BEMERKUNGEN
Bachelor	7	210	Pflichtbereich aus 149 CP, zuzüglich 3 Profilmodulen zu je 12 CP (Auswahl 2 aus 6) und Wahlmodul mit 8 CP.
Master	3	90	Besteht aus 3 Profilmodulen zu je 8 CP (Auswahl 3 aus 16), 2 Wahlpflichtmodulen zu je 8 CP (Auswahl aus 37).
Diplom	10	240	Je 120 Leistungspunkte im Grund- und Hauptstudium. Grundstudium: keine Wahlmöglichkeiten. Hauptstudium: Pflichtfächer im Umfang von 54 Leistungspunkten, weitere Module (66 LP) abhängig von gewähltem Schwerpunkt (Auswahl 1 aus 6).

[61] Vgl. TU Dortmund 2010.
[62] Vgl. TU Dortmund 2010.

Faszination Konstruktion

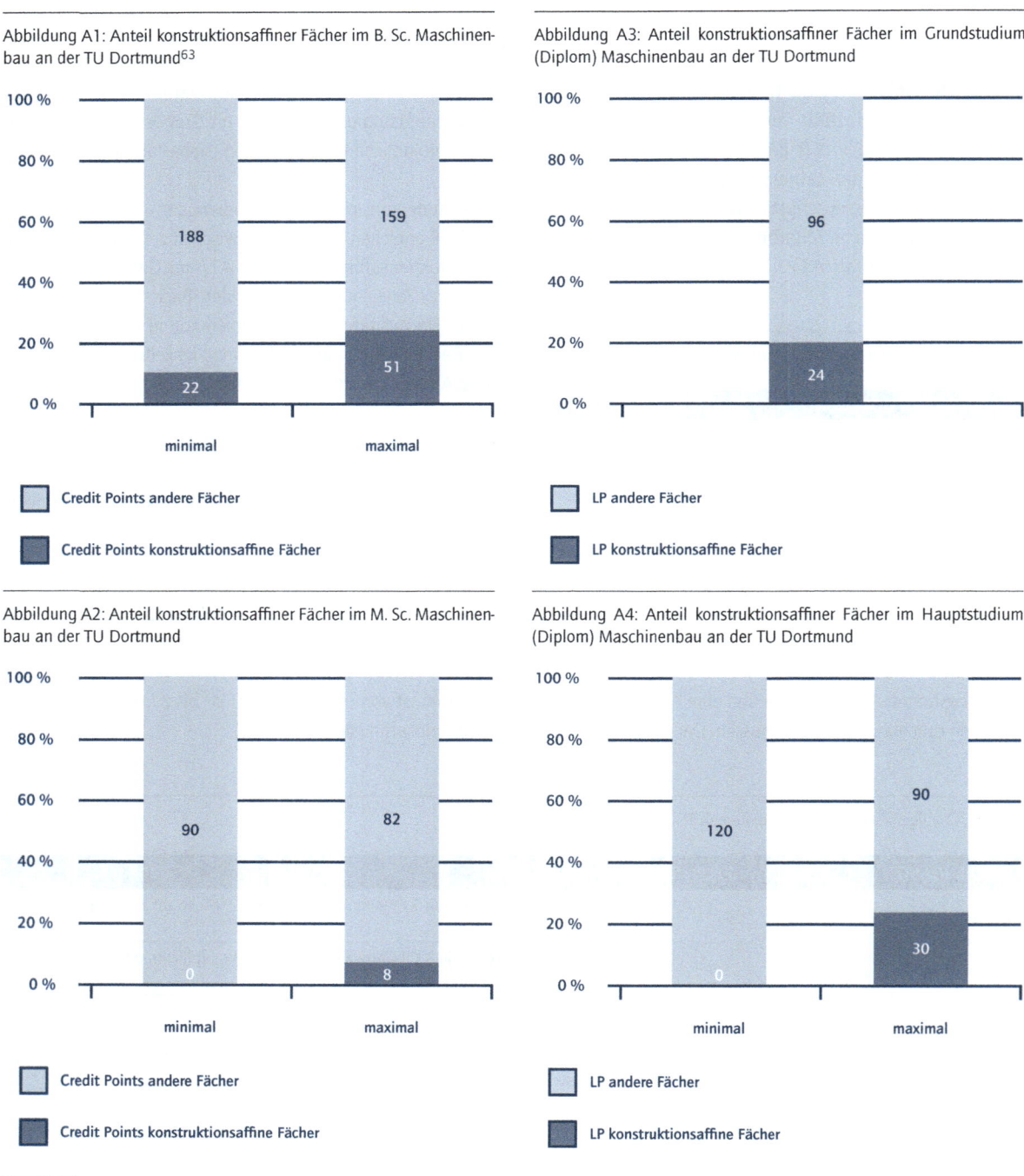

Abbildung A1: Anteil konstruktionsaffiner Fächer im B. Sc. Maschinenbau an der TU Dortmund[63]

Abbildung A2: Anteil konstruktionsaffiner Fächer im M. Sc. Maschinenbau an der TU Dortmund

Abbildung A3: Anteil konstruktionsaffiner Fächer im Grundstudium (Diplom) Maschinenbau an der TU Dortmund

Abbildung A4: Anteil konstruktionsaffiner Fächer im Hauptstudium (Diplom) Maschinenbau an der TU Dortmund

[63] Die in den folgenden Diagrammen angegebenen Werte sind absolute Zahlen, die sich auf die Anzahl der Credit Points beziehen. Die vertikale Achse zeigt den prozentualen Anteil der konstruktionsaffinen Inhalte an der Gesamtzahl der Credit Points.

Technische Universität Dresden

Die TU Dresden ist mit 36.500 Studierenden heute die größte Universität Sachsens und gehört zu den Universitäten mit den meisten Studienkombinationsmöglichkeiten in Deutschland (siehe Tab A3).[64]

Tabelle A3: Allgemeine Daten zur TU Dresden[65]

DATEN DER TU DRESDEN	
Studiengänge	126
Studierende	36.500
Professoren	507
Mitarbeiter	8.200

Abbildung A5: Anteil konstruktionsaffiner Fächer im Grundstudium (Diplom) Maschinenbau an der TU Dresden

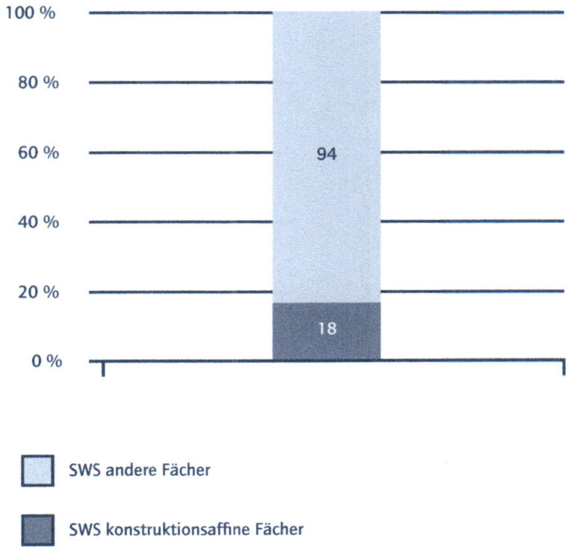

- SWS andere Fächer: 94
- SWS konstruktionsaffine Fächer: 18

Tabelle A4: Allgemeine Studieninformationen zur Maschinenbauausbildung an der TU Dresden

STUDIENGANG	SEMESTER	SWS	BEMERKUNGEN
Bachelor	-	-	Bisher keine Umstellung auf Bachelor/Master.
Master	-	-	In der Einführung.
Diplom	10	178 (SWS)	112 SWS im Grundstudium, 66 SWS im Hauptstudium. Auswahl Vertiefungsrichtung aus zehn Vertiefungsrichtungen, Fächerauswahl abhängig von der Vertiefungsrichtung.

Das Master-Studium ist zurzeit noch in der Einführungsphase, ein Bachelor-Studium wird nicht angeboten (siehe Tab A4). Stattdessen wird noch im Diplom-Studiengang mit Semesterwochenstunden (SWS) ausgebildet. Von insgesamt 112 SWS sind im Grundstudium 16 Prozent konstruktionsaffin (siehe Abb. A5).

Im Hauptstudium können von 66 SWS bis zu 60 Prozent konstruktionsaffine Fächer belegt werden (siehe Abb. A6). Dies deutet auf einen starken Schwerpunkt im Bereich Konstruktion innerhalb der zehn angebotenen Vertiefungsrichtungen hin.

---

[64] Vgl. TU9 2008, TU Dresden 2010.
[65] Vgl. TU9 2008, TU Dresden 2010.

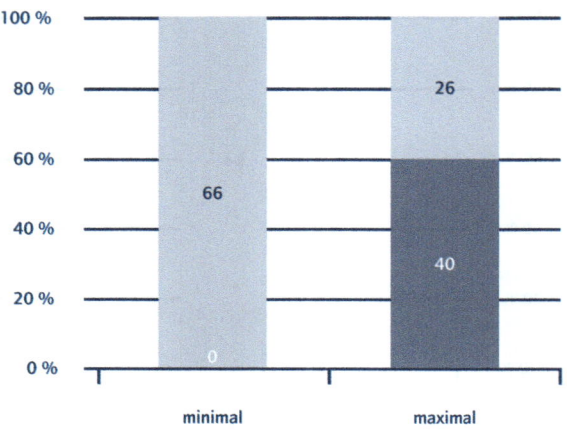

Abbildung A6: Anteil konstruktionsaffiner Fächer im Hauptstudium (Diplom) Maschinenbau an der TU Dresden

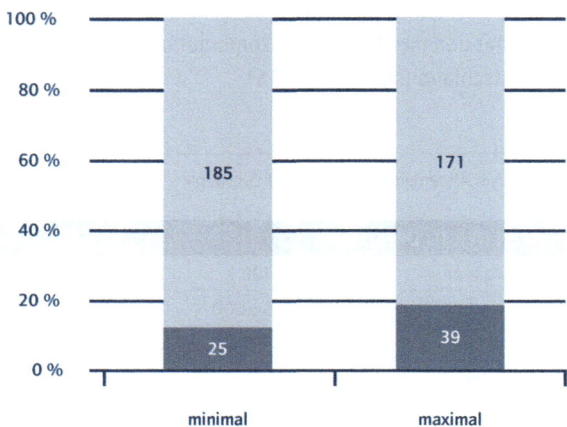

Abbildung A7: Anteil konstruktionsaffiner Fächer im B. Sc. Maschinenbau an der TU Ilmenau

Technische Universität Ilmenau

Die TU Ilmenau ist die einzige Technische Universität des Freistaates Thüringen. Fünf Fakultäten bieten den derzeit 6.400 Studierenden ein Programm von 18 Bachelor- und 23 Master-Studiengängen an. An der TU Ilmenau sind 84 hauptamtliche Professoren, 630 wissenschaftliche Mitarbeiter und 540 technische und sonstige Mitarbeiter angestellt (siehe Tab A5).[66]

Tabelle A5: Allgemeine Daten zur TU Ilmenau[67]

DATEN DER TU ILMENAU	
Studiengänge	18 Bachelor- und 23 Master-Studiengänge
Studierende	6.400
Professoren	84
Mitarbeiter	630

Im Maschinenbau gibt es einen Bachelor- und Master- sowie einen Diplom-Studiengang. In den gestuften Studiengängen werden CP in Pflichtmodulen und Wahlmodulen vergeben. Der Diplomstudiengang wird nach SWS berechnet und ist in ein Grund- und Hauptstudium aufgeteilt. Im Grundstudium gibt es einen vorgeschriebenen Fächerkatalog, der von den Studenten absolviert werden muss (siehe Tab A6).

Im Bachelor-Studiengang können die Studenten bis zu 18 Prozent der 210 CP in konstruktionsaffinen Fächern belegen (siehe Abb. A7). Im Master-Studiengang liegt der Anteil bei bis zu 15 Prozent (siehe Abb. A8). Je nach Wahl der Vertiefungsrichtung und der Wahlmodule kann der Anteil an konstruktionsaffinen Fächern variieren.

Im Vordiplom sind 16 Prozent der SWS konstruktionsaffin (siehe Abb. A9). Wahlmodule gibt es hier nicht. Im Hauptstudium

---

[66] Vgl. TU Ilmenau 2010.
[67] Vgl. TU Ilmenau 2010.

Abbildung A8: Anteil konstruktionsaffiner Fächer im M. Sc. Maschinenbau an der TU Ilmenau

Abbildung A9: Anteil konstruktionsaffiner Fächer im Grundstudium (Diplom) Maschinenbau an der TU Ilmenau

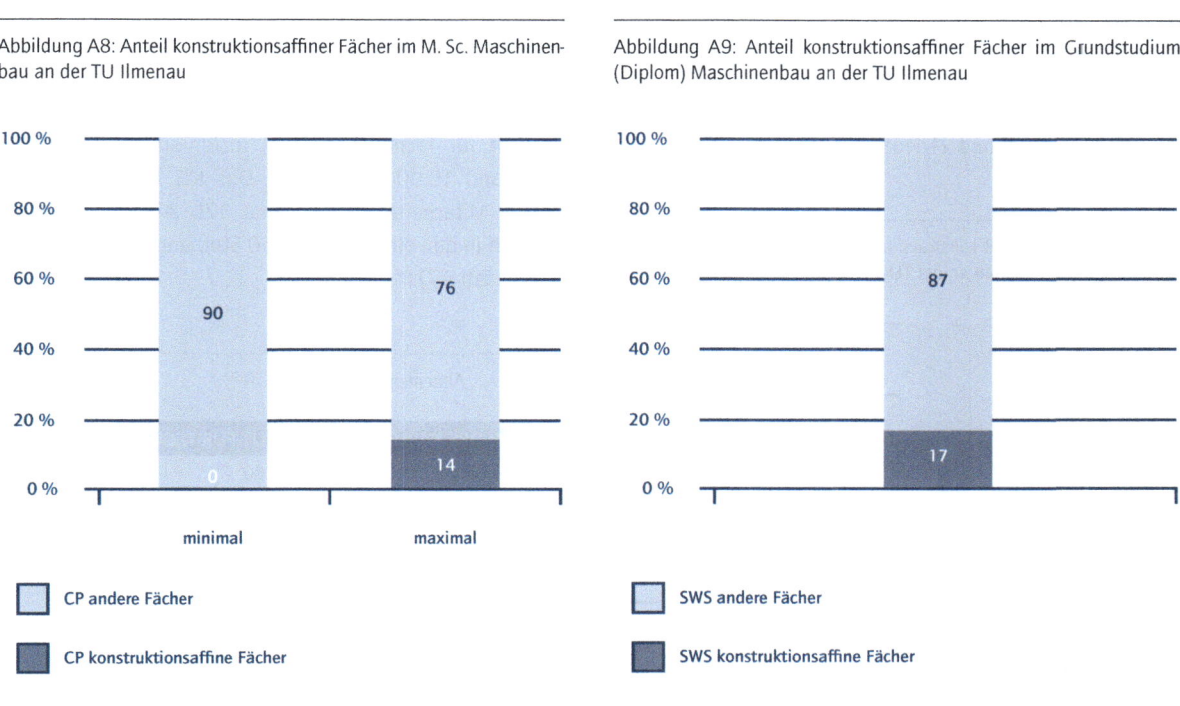

Tabelle A6: Allgemeine Studieninformationen zur Maschinenbauausbildung an der TU Ilmenau

STUDIENGANG	SEMESTER	CP/SWS	BEMERKUNGEN
Bachelor	7	210	Die Studierenden wählen aus dem Wahlkatalog eines technischen Wahlfachs Vorlesungen im Umfang von fünf CP. Zudem wählen sie ein nichttechnisches Wahlfach im Umfang von drei CP.
Master	3	90	Die Studenten wählen eine der fünf (seit 2011 sechs) Vertiefungsrichtungen. Dabei gibt es Pflichtmodule im Umfang von 24 CP und einen Wahlmodulkatalog, aus dem Vorlesungen im Umfang von insgesamt 22 CP gewählt werden müssen.
Diplom	10	172 (SWS)	Die Studenten wählen im Hauptstudium eine aus fünf Vertiefungsrichtungen aus. Es muss ein Block aus a) im Umfang von 14 SWS und einer aus Block b) im Umfang von zehn SWS gewählt werden. Zudem muss eine Lehrveranstaltung im Umfang von vier SWS aus den Lehrveranstaltungen der anderen Studienrichtungen gewählt werden (technisches Wahlfach). Ein nichttechnisches Fach im Umfang von vier SWS wird aus dem nichttechnischen Vorlesungsangebot der Universität gewählt (nichttechnisches Wahlfach).

gibt es ähnlich dem Master-Studiengang fünf Vertiefungsrichtungen. Je nach Vertiefung und Auswahl der Wahlmodule liegt der Anteil an konstruktionsaffinen SWS an der TU Ilmenau zwischen fünf und 21 Prozent (siehe Abb. A10).

Abbildung A10: Anteil konstruktionsaffiner Fächer im Hauptstudium (Diplom) Maschinenbau an der TU Ilmenau

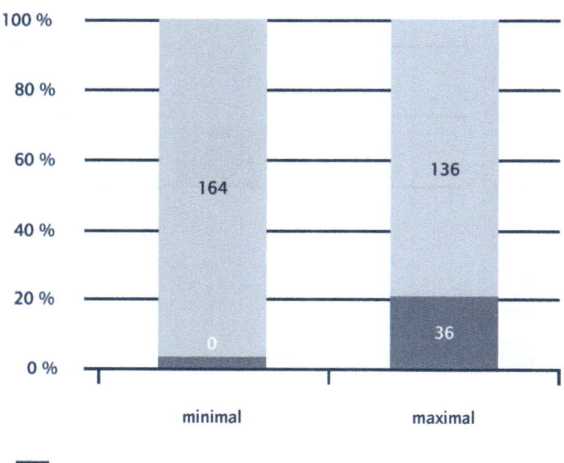

- SWS andere Fächer
- SWS konstruktionsaffine Fächer

Karlsruher Institut für Technologie

Seit dem 1. Oktober 2009 ist die Universität Karlsruhe mit dem Forschungszentrum Karlsruhe zum Karlsruher Institut für Technologie (KIT) fusioniert. Nun studieren hier rund 19.000 Studenten. Das KIT beschäftigt circa 5.100 Mitarbeiter, davon rund 170 Auszubildende. Es werden in den elf Fakultäten 60 Studiengänge angeboten (siehe Tab A7).[68]

Tabelle A7: Allgemeine Daten zum KIT[69]

DATEN DES KARLSRUHER INSTITUT FÜR TECHNOLOGIE	
Studiengänge	60
Studierende	22.552
Professoren	372
Mitarbeiter	8.980

Im Maschinenbau werden am KIT die gestuften Abschlüsse Bachelor und Master sowie das Diplom angeboten. Die Berechnung der Leistungen erfolgt im Bachelor/Master nach CP, wobei bestimmte Pflichtmodule und eine Auswahl von Wahlmodulen durchlaufen werden müssen. Der Diplomstudiengang wird nach SWS berechnet und ist in

Tabelle A8: Allgemeine Studieninformationen – KIT

STUDIENGANG	SEMESTER	CP/ SWS	BEMERKUNGEN
Bachelor	6	160	Der Bachelor besteht aus einem Pflichtbereich im Umfang von 143 CP, einem Wahlmodul mit fünf CP (Wahlmöglichkeit aus 32 Fächern) und einem Schwerpunkt mit 12 CP (Auswahl aus 50 Schwerpunkten).
Master	4	120	Der Master besteht aus Wahlpflichtfächern mit insgesamt 15 CP (Auswahl drei aus 32 Fächern), einem Wahlfach mit vier CP (Auswahl 1 aus allen 413 Fächern), Pflichtfächern insgesamt mit 31 CP und zwei Schwerpunkten zu je 16 CP (Auswahl zwei aus 50 Schwerpunkten).
Diplom	10	180 (SWS)	12 Gewichtungspunkte im Vordiplom, 180 SWS im Hauptdiplom. Im Hauptstudium Auswahl einer Vertiefungsrichtung aus acht Vertiefungsrichtungen, Pflicht- und Hauptfächer abhängig von der gewählten Vertiefungsrichtung.

[68] Vgl. TU9 2008, KIT 2010.
[69] Vgl. TU9 2008, KIT 2010.

Abbildung A11: Anteil konstruktionsaffiner Fächer im Pflichtbereich B. Sc. Maschinenbau an der KIT

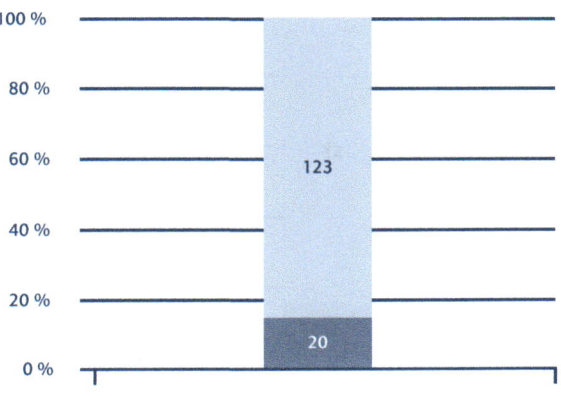

 CP andere Fächer

 CP konstruktionsaffine Fächer

Abbildung A12: Anteil konstruktionsaffiner Fächer im M. Sc. Maschinenbau an der KIT

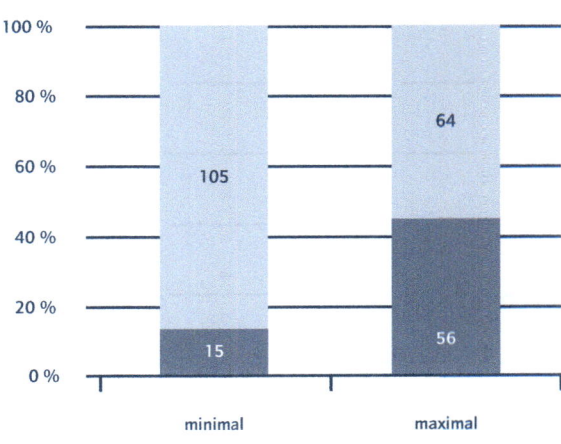

 CP andere Fächer

CP konstruktionsaffine Fächer

Abbildung A13: Anteil konstruktionsaffiner Fächer im Grundstudium (Diplom) Maschinenbau an der KIT

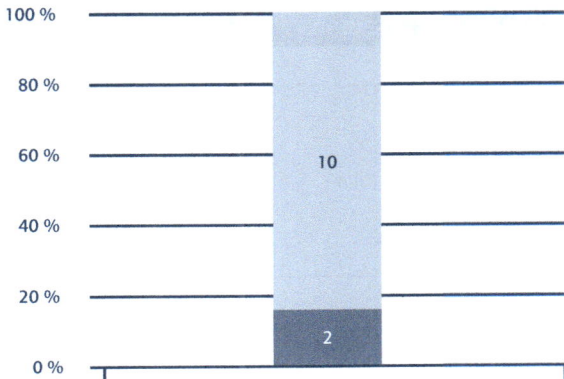

 Gewichtungspunkte andere Fächer

 Gewichtungspunkte konstruktionsaffine Fächer

ein Grund- und Hauptstudium aufgeteilt. Im Grundstudium gibt es einen vorgeschriebenen Fächerkatalog, der von den Studenten absolviert werden muss. Das Hauptstudium ist in Pflicht- sowie Wahlmodule aufgeteilt (siehe Tab A8).

Im Bachelor-Studiengang müssen 143 von insgesamt 180 CP als Pflichtmodule durchlaufen werden, davon sind 14 Prozent konstruktionsaffin (siehe Abb. A11). Im Master-Studiengang sind je nach Zusammensetzung der Pflichtmodule und Wahlpflichtmodule zwischen 12 und 47 Prozent der insgesamt 120 CP konstruktionsaffin (siehe Abb. A12).

Das Grundstudium im Diplomstudiengang wird nach Gewichtungspunkten gewertet und besteht nur aus einem Pflichtbereich (siehe Abb. A13). Von zwölf Gewichtungspunkten sind zwei konstruktionsaffin (17 Prozent).

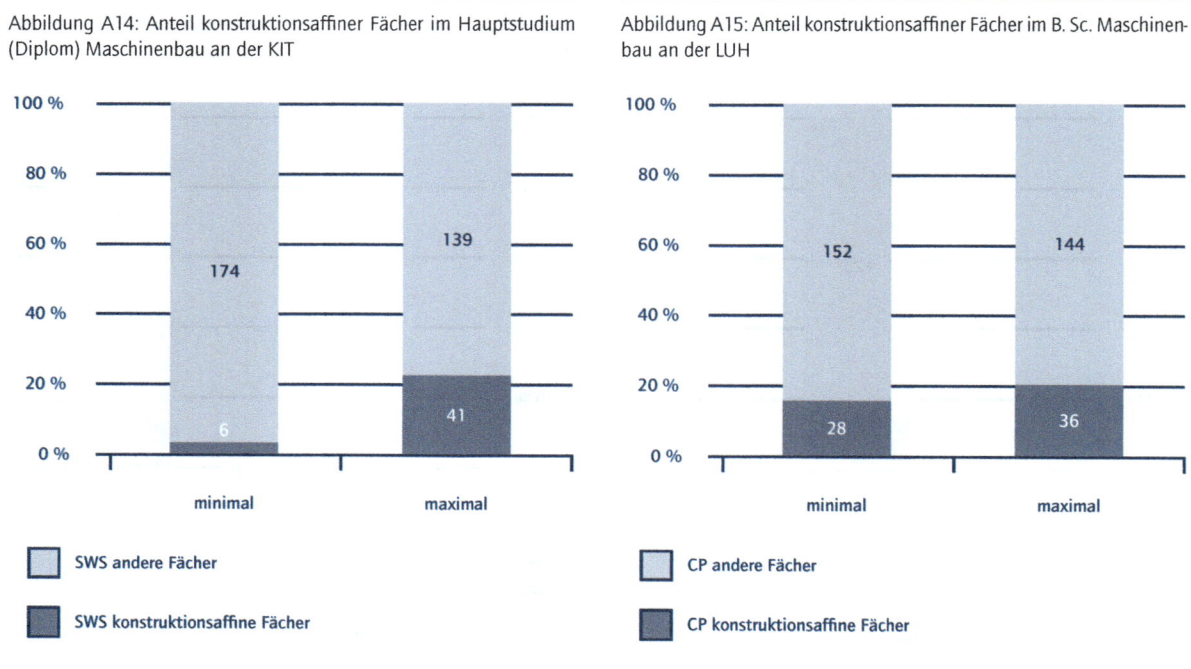

Abbildung A14: Anteil konstruktionsaffiner Fächer im Hauptstudium (Diplom) Maschinenbau an der KIT

Abbildung A15: Anteil konstruktionsaffiner Fächer im B. Sc. Maschinenbau an der LUH

- SWS andere Fächer
- SWS konstruktionsaffine Fächer
- CP andere Fächer
- CP konstruktionsaffine Fächer

Tabelle A10: Allgemeine Studieninformationen zur Maschinenbauausbildung an der LUH

STUDIENGANG	SEMESTER	CP	BEMERKUNGEN
Bachelor	6	180	Die Studenten belegen zwei der sechs Wahlmodule im Umfang von insgesamt 16 CP.
Master	4	120	Die Studenten wählen drei verschiedene Wahlmodule aus den Kompetenzfeldern Energie- und Verfahrenstechnik, Entwicklung und Konstruktion sowie Produktionstechnik. Sie belegen in diesen jeweils zwei Veranstaltungen aus dem Pflicht- (acht CP) und zwei aus dem Wahlmodul (acht CP). Weiterhin dürfen freie Wahlkurse im Umfang von insgesamt acht CP belegt werden. Es müssen im Modul Soft Skills 1 (sechs CP) Oberstufenlabore im Umfang von zwei CP sowie eine Fachexkursion und drei Tutorien belegt werden. Zum Modul Soft Skills 2 (fünf CP) gehören die Präsentation der Studienarbeit sowie 2 Tutorien.
Diplom	10	287	Die Kurse müssen so belegt werden, dass sie auf ein sogenanntes Basismodul sowie zwei sogenannte Wahlmodule verteilt werden. In jedem Modul müssen Kursprüfungen im Umfang von mindestens 20, im Basismodul von 21 CP abgelegt werden, darunter Prüfungen in allen Pflichtkursen des Moduls. In jedem Modul können Prüfungen im Umfang von 40, im Basismodul 41 CP eingebracht werden. Insgesamt sind 81 CP aus Kursprüfungen zu erlangen.

Im Hauptdiplomstudium werden die Fächer hingegen nach SWS gewertet. Hier sind bis zu einem Viertel der SWS konstruktionsaffin (siehe Abb. A14). Im Vergleich mit dem Angebot im Master-Studiengang ist dies relativ gering.

Leibniz Universität Hannover

Die Leibniz Universität Hannover (LUH) ist mit 21.000 Studierenden eine der größten Hochschulen in Niedersachsen. Es werden 80 Studienfächer und mehr als 160 Studien- und Teilstudiengänge in den neun Fakultäten angeboten. Die LUH beschäftigt rund 4.200 Personen, davon rund 315 Professoren und 94 Auszubildende (siehe Tab A9).[70]

Angeboten werden im Maschinenbau auch hier gestufte und einstufige Studiengänge mit CP beziehungsweise SWS (siehe Tab A10).

Im Bachelor-Studiengang ist ein Anteil von 16 bis 20 Prozent von insgesamt 180 CP konstruktionsaffin (siehe Abb. A15). Es gibt sechs Wahlmodule, von denen zwei belegt werden müssen, was den Unterschied der Anteile ausmacht.

Im Master-Studiengang sind von 120 CP insgesamt bis zu 28 Prozent konstruktionsaffin (siehe Abb. A16). Dies hängt in erster Linie von der Wahl des jeweiligen Wahlkompetenzfeldes ab, für das sich jeder Student entscheiden muss.

Tabelle A9: Allgemeine Daten zur LUH[71]

DATEN DER LEIBNIZ UNIVERSITÄT HANNOVER	
Studiengänge	80 Studienfächer, 160 Studien- und Teilstudiengänge
Studierende	21.000
Professoren	312
Mitarbeiter	4.200

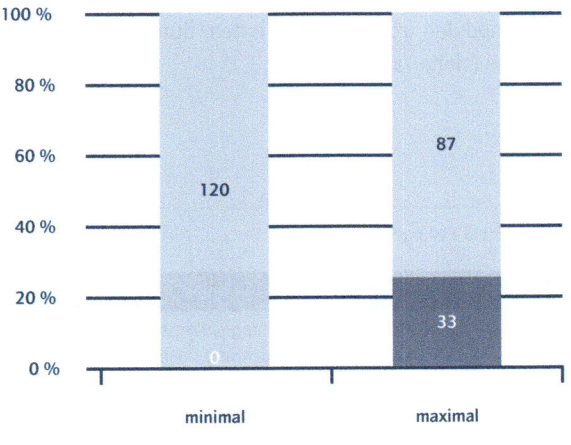

Abbildung A16: Anteil konstruktionsaffiner Fächer im M. Sc. Maschinenbau an der LUH

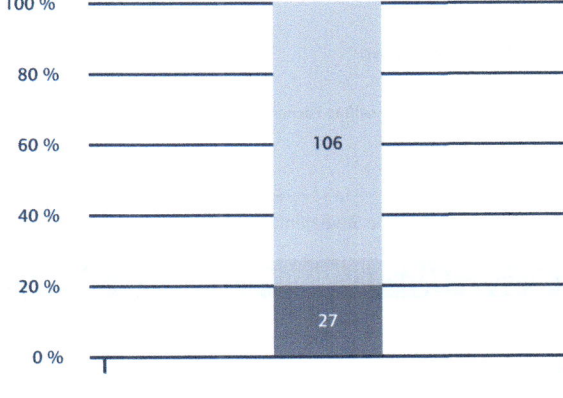

Abbildung A17: Anteil konstruktionsaffiner Fächer im Grundstudium (Diplom) Maschinenbau an der LUH

---

[70] Vgl. Leibniz Universität Hannover 2010a und b.
[71] Vgl. Leibniz Universität Hannover 2010a und b.

Im Grundstudium des Diplomstudienganges sind 20 Prozent der insgesamt 133 CP konstruktionsaffin (siehe Abb. A17). Die Kurse im Hauptstudium müssen auf ein sogenanntes Basismodul sowie zwei Wahlmodule verteilt werden. Von insgesamt 287 CP sind bis zu 21 Prozent konstruktionsaffin (siehe Abb. A18).

Abbildung A18: Anteil konstruktionsaffiner Fächer im Hauptstudium (Diplom) Maschinenbau an der LUH

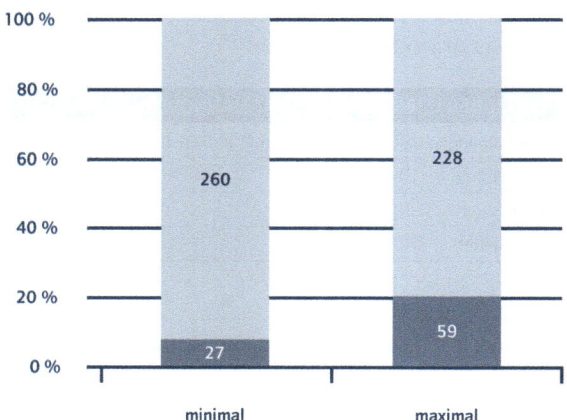

Hochschule Esslingen

Die Hochschule Esslingen existiert in ihrer jetzigen Form seit dem 1. Oktober 2006, zusammengelegt aus den Hochschulen in Esslingen – Hochschule für Technik (FHTE) und Hochschule für Sozialwesen (HfS). Rund 5.700 Studierende sind in elf Fakultäten in 23 Bachelor- und zwölf Master-Studiengängen eingeschrieben. Die Studierenden werden von über 200 Professoren und Lehrbeauftragten sowie 380 Mitarbeitern betreut (siehe Tabelle A11).[72]

Tabelle A11: Allgemeine Daten zur HS Esslingen[73]

DATEN DER FH ESSLINGEN	
Studiengänge	23 Bachelor- und 12 Master-Studiengänge
Studierende	5.700
Professoren	209
Mitarbeiter	350

Im Maschinenbau werden gestufte Studiengänge angeboten. Die Berechnung der Leistungen erfolgt nach CP, wobei bestimmte Pflichtmodule und eine Auswahl von Wahlmodulen von den Studenten durchlaufen werden müssen (siehe Tab A12).

Tabelle A12: Allgemeine Studieninformationen zur Maschinenbauausbildung an der HS Esslingen

STUDIENGANG	SEMESTER	CP	BEMERKUNGEN
Bachelor	7	209	Studenten wählen im Bachelor zwischen den Richtungen Entwicklung & Konstruktion und Entwicklung & Produktion. Zusätzlich gibt es in jeder Vertiefungsrichtung noch zwei Wahlmodule im Umfang von je acht CP.
Master	3	90	Master gemeinsam mit dem Bachelor Fahrzeugtechnik als „Design and Development in Automotive and Mechanical Engineering". Der gesamte Studiengang ist festgelegt, es gibt keine Wahlmöglichkeiten bei den Fächern.
Diplom	8	-	Studiengang wird nicht mehr angeboten, daher keine weitergehenden Informationen.

[72] Vgl. HS Esslingen 2010.
[73] Vgl. HS Esslingen 2010.

Abbildung A19: Anteil konstruktionsaffiner Fächer im B. Eng. Maschinenbau an der HS Esslingen

Abbildung A20: Anteil konstruktionsaffiner Fächer im M. Eng. Maschinenbau an der HS Esslingen

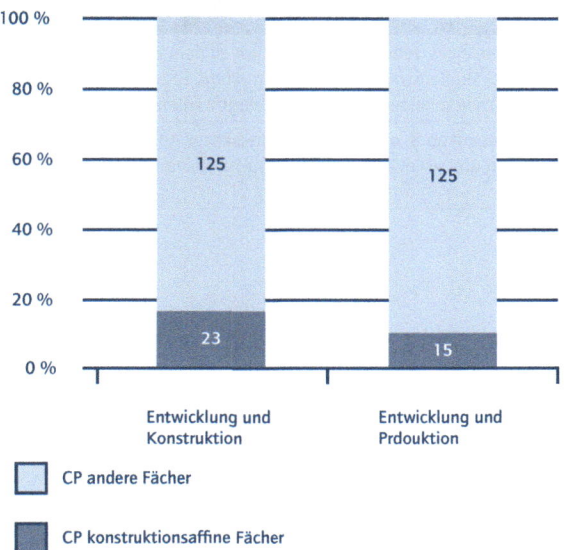

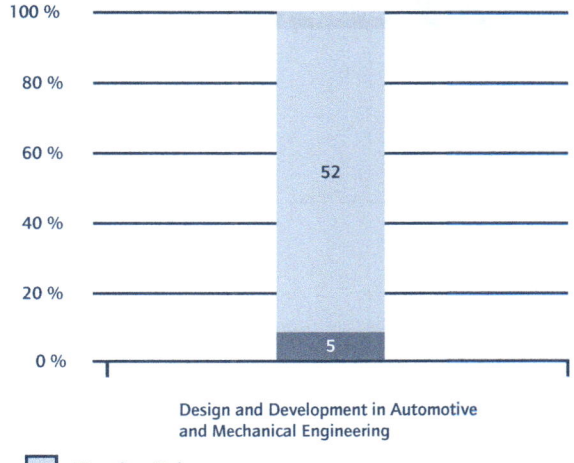

Im Bachelor-Studiengang wählen Studierende zwischen den Studienrichtungen „Entwicklung & Produktion" (insgesamt 140 CP) und „Entwicklung & Konstruktion" (insgesamt 148 CP). Je nach Wahl sind 11 oder 16 Prozent der CP konstruktionsaffin (siehe Abb. A19).

Der Master-Studiengang hat insgesamt 57 CP, wovon neun Prozent konstruktionsaffin sind (siehe Abb. A20).

Hochschule Mittweida

Rund 5.800 Studierende sind in Master-Studiengängen eingeschrieben (siehe Tab A13).[74] Im Maschinenbau werden die gestuften Abschlüsse Bachelor und Master angeboten (siehe Tab A14).

Tabelle A13: Allgemeine Daten der HS Mittweida[75]

DATEN DER HS MITTWEIDA	
Studiengänge	31
Studierende	5.800
Professoren	112
Mitarbeiter	–

[74] Vgl. HS Mittweida 2010.
[75] Vgl. HS Mittweida 2010.

Tabelle A14: Allgemeine Studieninformationen zur Maschinenbauausbildung an der HS Mittweida

STUDIENGANG	SEMESTER	CP	BEMERKUNGEN
Bachelor	6	180	Die Studenten müssen im Studium Generale ein weiteres Fach zusätzlich zu dem Pflichtfach Englisch wählen. Zudem wählen sie einen der drei Studienschwerpunkte Konstruktion, Fertigungstechnik oder Oberflächentechnik. Die Fächer in den Schwerpunkten müssen alle belegt werden.
Master	4	120	Die Studenten wählen entweder das Konstruktions- oder Verfahrensprojekt zur Anfertigung der Projektarbeit. Weitere Wahlmöglichkeiten gibt es im Master-Studium nicht. Keine Studienschwerpunkte.

Trotz drei verschiedener Studienrichtungen unterscheidet sich der Anteil konstruktionsaffiner CP im Bachelor-Studium in den Vertiefungen nur wenig. Von insgesamt 180 CP kann ein Anteil von acht bis elf Prozent an konstruktionsaffinen Fächern absolviert werden (siehe Abb. A21).

Der Master-Studiengang ergibt ein ähnliches Bild. Von 120 CP ist ein Anteil von acht bis 13 Prozent an konstruktionsaffinen CP wählbar (siehe Abb. A22).

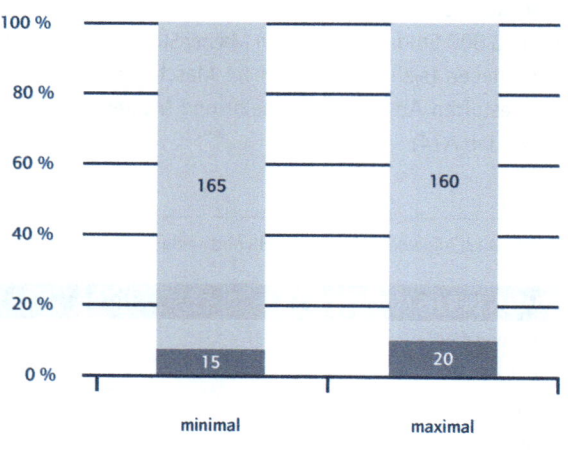

Abbildung A21: Anteil konstruktionsaffiner Fächer im B. Eng. Maschinenbau an der HS Mittweida

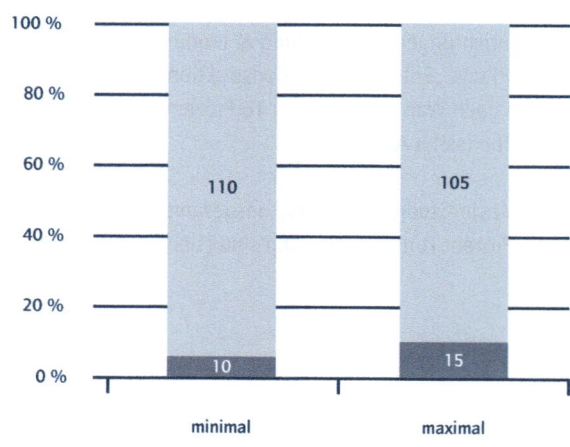

Abbildung A22: Anteil CP konstruktionsaffiner Fächer im M. Eng. Maschinenbau an der HS Mittweida

Anhang B

Fachhochschule Stralsund

Seit der Gründung der Fachhochschule Stralsund 1991 ist die Studentenzahl auf über 2.500 angewachsen (siehe Tab A15).[76] Alle Studiengänge der Fachhochschule Stralsund sind auf die Bachelor- und Master-Ausbildung umgestellt. Damit werden auch im Maschinenbau nur gestufte Abschlüsse angeboten (siehe Tab A16).

Tabelle A15: Allgemeine Daten zur FH Stralsund[77]

DATEN DER FH STRALSUND	
Studiengänge	24
Studierende	2.500
Professoren	89
Mitarbeiter	100

Im Bachelor-Studium kann von insgesamt 210 CP – je nach Wahlpflichtmodulen – ein Anteil von 10 bis 20 Prozent an konstruktionsaffinen Fächern belegt werden (siehe Abb. A23).

Im Master-Studium werden die zwei Vertiefungsrichtungen „Fahrzeugtechnik" und „Entwicklung und Produktion" angeboten. In der jeweils gewählten Vertiefungsrichtung müssen Vorlesungen im Umfang von insgesamt 20 CP belegt werden, wobei der Anteil an konstruktionsaffinen CP höchstens fünf Prozent beträgt (siehe Abb. A24).

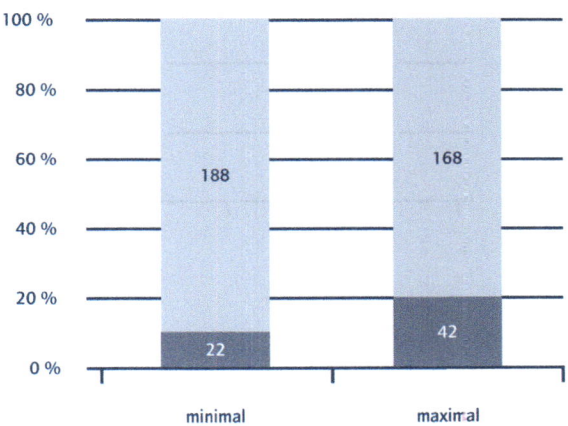

Abbildung A23: Anteil konstruktionsaffiner Fächer im B. Eng. Maschinenbau an der FH Stralsund

Tabelle A16: Allgemeine Studieninformationen zur Maschinenbauausbildung an der FH Stralsund

STUDIENGANG	SEMESTER	CP/SWS	BEMERKUNGEN
Bachelor	7	210	Die Wahlpflichtmodule sind aus den Katalogen A und B im Umfang von 32 SWS/40 CP frei wählbar, wobei zwei Module aus Katalog A und drei Module aus Katalog B belegt werden müssen. Darüber hinaus können zusätzlich Wahlpflichtmodule aus den Katalogen A, B und C gewählt werden.
Master	3	90	Es werden die zwei Vertiefungsrichtungen „Fahrzeugtechnik" und „Entwicklung und Produktion" im Master-Studium angeboten. In der jeweils gewählten Vertiefungsrichtung müssen Vorlesungen im Umfang von insgesamt 20 CP belegt werden.

[76] Vgl. FH Stralsund 2010.
[77] Vgl. FH Stralsund 2010.

Abbildung A24: Anteil konstruktionsaffiner Fächer im M. Eng. Maschinenbau an der FH Stralsund

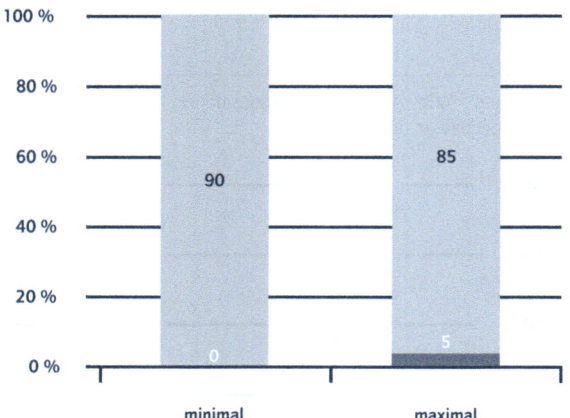

ANHANG C: ABBILDUNGS-, TABELLEN- UND ABKÜRZUNGSVERZEICHNIS

ABBILDUNGSVERZEICHNIS

Abbildung 1:	Anzahl Studierender im WS 2010/11 deutschlandweit	15
Abbildung 2:	Verteilung der Studierenden auf die Hochschultypen im WS 2010/11	16
Abbildung 3:	Anzahl Studierender im WS 2008/09 im Bereich Maschinenbau/Verfahrenstechnik	17
Abbildung 4:	Angebotene Abschlusstypen in Maschinenbaustudiengängen an den befragten Universitäten und Fachhochschulen	19
Abbildung 5:	Aktueller Regelabschluss in Maschinenbaustudiengängen an den befragten Universitäten und Fachhochschulen	20
Abbildung 6:	Gestufte Studienmodelle im Maschinenbau an den befragen Universitäten und Fachhochschulen	20
Abbildung 7:	Regelstudienzeit von Diplomstudiengängen im Maschinenbau an den befragten Universitäten und Fachhochschulen	21
Abbildung 8:	Einschätzung der befragten Professoren zur Konstrukteurtätigkeit	22
Abbildung 9:	Einschätzung der befragten Professoren zur Veränderung des Umfangs von entwickelnden Tätigkeiten im Konstrukteurberuf	22
Abbildung 10:	Einschätzung der befragten Professoren zur Bedeutung von zu erwerbenden Fähigkeiten und Kenntnissen in der Hochschulausbildung von Konstrukteuren	23
Abbildung 11:	Einschätzung der befragten Professoren zur Bedeutung von zu erwerbenden Fähigkeiten und Kenntnissen in der Hochschulausbildung von Konstrukteuren	24
Abbildung 12:	Einschätzung der befragten Professoren zur Bedeutung weiterer Fähigkeiten und Kenntnisse in der Hochschulausbildung von Konstrukteuren	25
Abbildung 13:	Einschätzung der befragten Professoren zur zukünftigen Bedeutung von zu erwerbenden Fähigkeiten und Kenntnissen in der Hochschulausbildung von Konstrukteuren	26
Abbildung 14:	Einschätzung der befragten Professoren zur zukünftigen Bedeutung von zu erwerbenden Fähigkeiten und Kenntnissen in der Hochschulausbildung von Konstrukteuren	27
Abbildung 15:	Einschätzung der befragten Professoren zur zukünftigen Bedeutung weiterer Fähigkeiten und Kenntnisse in der Hochschulausbildung von Konstrukteuren	28
Abbildung 16:	Relevante Abschlüsse für Konstrukteure laut der befragten Professoren	28
Abbildung 17:	Typischer Abschluss eines Konstrukteurs laut der befragten Professoren	29
Abbildung 18:	Einschätzung der befragten Professoren, ob Konstrukteure auch Führungskräfte sind	29
Abbildung 19:	Von den befragten Professoren wahrgenommene, durch den Bologna-Prozess angestoßene Veränderungen für die Maschinenbauausbildung	30
Abbildung 20:	Von den befragten Professoren genannte Gründe für negative Veränderungen durch den Bologna-Prozess	31
Abbildung 21:	Von den befragten Professoren genannte wichtigste konstruktionsrelevante Fächer an der eigenen Hochschule	31
Abbildung 22:	Von den befragten Professoren geschätzter Anteil konstruktionsrelevanter Fächer im Studiengang Maschinenbau an der eigenen Hochschule	32

Abbildung 23:	Von den befragten Professoren geschätzter Anteil Studierender in der Fachrichtung Konstruktion an der eigenen Hochschule	33
Abbildung 24:	Von den befragten Professoren genannte besondere Lehrkonzepte in der Konstruktionslehre an der eigenen Hochschule	33
Abbildung 25:	Von den befragten Professoren geschätzte Verteilung der Lehrformen in der Konstruktionslehre an der eigenen Hochschule	34
Abbildung 26:	Von den befragten Professoren geschätzter zukünftiger Anteil der Lehrformen in der Konstruktionslehre	34
Abbildung 27:	Einschätzung der Professoren, wie man Konstruktionsfähigkeit am besten erlernt	35
Abbildung 28:	Von den befragten Professoren genannte Gründe für den prognostizierten Konstrukteurmangel	36
Abbildung 29:	Einteilung von Konstruktionswissen und -können	38
Abbildung 30:	Extraktion der Konstruktionsfächer	39
Abbildung 31:	Prüfsystematik – Beschreibungsanalyse	40
Abbildung 32:	Prüfsystematik – Vorsortierung	41
Abbildung 33:	Geografische Lage der ausgewählten Universitäten und Fachhochschulen	43
Abbildung 34:	Vergleich konstruktionsaffiner Anteile im Grundstudium (Diplom) Maschinenbau	44
Abbildung 35:	Vergleich konstruktionsaffiner Anteile im Hauptstudium (Diplom) Maschinenbau	44
Abbildung 36:	Vergleich konstruktionsaffiner Anteile im Maschinenbaustudium (Bachelor)	45
Abbildung 37:	Vergleich konstruktionsaffiner Anteile im Maschinenbaustudium (Master)	46
Abbildung 38:	Projektstruktur	87
Abbildung 39:	Die drei Sichten auf den Konstrukteur	87
Abbildung 40:	Gruppenarbeit im ersten Workshop	88
Abbildung 41:	Der Weg zum Konstrukteurberuf mit möglichen Scheidepunkten	89
Abbildung 42:	World-Café-Methode in der Gruppenarbeit Workshop 2	89
Abbildung A1:	Anteil konstruktionsaffiner Fächer im B. Sc. Maschinenbau an der TU Dortmund	112
Abbildung A2:	Anteil konstruktionsaffiner Fächer im M. Sc. Maschinenbau an der TU Dortmund	112
Abbildung A3:	Anteil konstruktionsaffiner Fächer im Grundstudium (Diplom) Maschinenbau an der TU Dortmund	112
Abbildung A4:	Anteil konstruktionsaffiner Fächer im Hauptstudium (Diplom) Maschinenbau an der TU Dortmund	112
Abbildung A5:	Anteil konstruktionsaffiner Fächer im Grundstudium (Diplom) Maschinenbau an der TU Dresden	113
Abbildung A6:	Anteil konstruktionsaffiner Fächer im Hauptstudium (Diplom) Maschinenbau an der TU Dresden	114
Abbildung A7:	Anteil konstruktionsaffiner Fächer im B. Sc. Maschinenbau an der TU Ilmenau	114
Abbildung A8:	Anteil konstruktionsaffiner Fächer im M. Sc. Maschinenbau an der TU Ilmenau	115
Abbildung A9:	Anteil konstruktionsaffiner Fächer im Grundstudium (Diplom) Maschinenbau an der TU Ilmenau	115

Abbildung A10: Anteil konstruktionsaffiner Fächer im Hauptstudium (Diplom) Maschinenbau an der
                TU Ilmenau   116
Abbildung A11: Anteil konstruktionsaffiner Fächer im Pflichtbereich B. Sc. Maschinenbau an der KIT   117
Abbildung A12: Anteil konstruktionsaffiner Fächer im M. Sc. Maschinenbau an der KIT   117
Abbildung A13: Anteil konstruktionsaffiner Fächer im Grundstudium (Diplom) Maschinenbau an der KIT   117
Abbildung A14: Anteil konstruktionsaffiner Fächer im Hauptstudium (Diplom) Maschinenbau an der KIT   118
Abbildung A15: Anteil konstruktionsaffiner Fächer im B. Sc. Maschinenbau an der LUH   118
Abbildung A16: Anteil konstruktionsaffiner Fächer im M. Sc. Maschinenbau an der LUH   119
Abbildung A17: Anteil konstruktionsaffiner Fächer im Grundstudium (Diplom) Maschinenbau an der LUH   119
Abbildung A18: Anteil konstruktionsaffiner Fächer im Hauptstudium (Diplom) Maschinenbau an der LUH   120
Abbildung A19: Anteil konstruktionsaffiner Fächer im B. Eng. Maschinenbau an der HS Esslingen   121
Abbildung A20: Anteil konstruktionsaffiner Fächer im M. Eng. Maschinenbau an der HS Esslingen   121
Abbildung A21: Anteil konstruktionsaffiner Fächer im B. Eng. Maschinenbau an der HS Mittweida   122
Abbildung A22: Anteil CP konstruktionsaffiner Fächer im M. Eng. Maschinenbau an der HS Mittweida   122
Abbildung A23: Anteil konstruktionsaffiner Fächer im B. Eng. Maschinenbau an der FH Stralsund   123
Abbildung A24: Anteil konstruktionsaffiner Fächer im M. Eng. Maschinenbau an der FH Stralsund   124

TABELLENVERZEICHNIS

Tabelle 1:	Universitäten und Fachhochschulen mit Maschinenbaustudiengängen	18
Tabelle 2:	Übersicht über die Datenbasis	19
Tabelle 3:	Pro-Schlagwörter zur Modulkataloganalyse	42
Tabelle 4:	Contra-Schlagwörter zur Modulkataloganalyse	42
Tabelle 5:	Stichprobe der Dokumentenanalyse	44
Tabelle 6:	Übersicht Workshop-Teilnehmer aus den verschiedenen Stakeholder-Gruppen	90
Tabelle A1:	Allgemeine Daten zur TU Dortmund	111
Tabelle A2:	Allgemeine Studieninformationen TU Dortmund	111
Tabelle A3:	Allgemeine Daten zur TU Dresden	113
Tabelle A4:	Allgemeine Studieninformationen zur Maschinenbauausbildung an der TU Dresden	113
Tabelle A5:	Allgemeine Daten zur TU Ilmenau	114
Tabelle A6:	Allgemeine Studieninformationen zur Maschinenbauausbildung an der TU Ilmenau	115
Tabelle A7:	Allgemeine Daten zum KIT	116
Tabelle A8:	Allgemeine Studieninformationen – KIT	116
Tabelle A9:	Allgemeine Daten zur LUH	119
Tabelle A10:	Allgemeine Studieninformationen zur Maschinenbauausbildung an der LUH	118
Tabelle A11:	Allgemeine Daten zur HS Esslingen	120
Tabelle A12:	Allgemeine Studieninformationen zur Maschinenbauausbildung an der HS Esslingen	120
Tabelle A13:	Allgemeine Daten der HS Mittweida	121
Tabelle A14:	Allgemeine Studieninformationen zur Maschinenbauausbildung an der HS Mittweida	122
Tabelle A15:	Allgemeine Daten zur FH Stralsund	123
Tabelle A16:	Allgemeine Studieninformationen zur Maschinenbauausbildung an der FH Stralsund	123

ABKÜRZUNGSVERZEICHNIS

ARGE TU/TH	Arbeitsgemeinschaft von 24 Technischen Universitäten und Hochschulen (mit den TU9)
B. Eng.	Bachelor of Engineering
B. Sc.	Bachelor of Science
CAD	Computer Aided Design
CAM	Computer Aided Manufacturing
CP	Credit Points
FBTM	Fachbereichstag Maschinenbau
FEM	Finite Element Method
FH	Fachhochschule
FTMV	Fakultätentag für Maschinenbau und Verfahrenstechnik
HS	Hochschule
LP	Leistungspunkte
LUH	Leibniz Universität Hannover
M. Eng.	Master of Engineering
M. Sc.	Master of Science
SWS	Semesterwochenstunden
TH	Technische Hochschule
TU	Technische Universität
TU9	Verband Technischer Hochschulen, dazu gehören RWTH Aachen, TU Berlin, TU Braunschweig, TU Darmstadt, TU Dresden, Leibniz Universität Hannover, Karlsruher Institut der Technologie, TU München, Universität Stuttgart
VDI	Verein Deutscher Ingenieure
VDMA	Verband Deutscher Maschinen- und Anlagenbau
WS	Wintersemester

ANHANG D: AUTORENVERZEICHNIS

Albert Albers, Jahrgang 1957, ist seit 1996 Ordinarius und Leiter des IPEK – Institut für Produktentwicklung am Karlsruher Institut für Technologie (KIT). Er promovierte 1987 am Institut für Maschinenelemente, Konstruktionstechnik und Sicherheitstechnik der Universität Hannover. Vor seinem Ruf nach Karlsruhe war Albert Albers tätig bei der LuK GmbH & Co. OHG, zuletzt als Entwicklungsleiter sowie stellvertretendes Mitglied der Geschäftsleitung. Albers forscht mit seinem Team auf den Gebieten Modellierung von Produktentwicklungsprozessen, Methoden zur Unterstützung der Produktentwicklung (Computer Aided Engineering, Innovations- und Wissensmanagement) sowie Antriebssystemtechnik im Maschinen- und Fahrzeugbau. Albert Albers engagiert sich im Verein Deutscher Ingenieure (VDI) und ist in Beiräten mehrerer Unternehmen tätig. Er ist Präsident des Allgemeinen Fakultätentages (AFT), Vorstandsvorsitzender der wissenschaftlichen Gesellschaft für Produktentwicklung WiGeP, Mitglied dreier Sonderforschungsbereiche der Deutschen Forschungsgemeinschaft (DFG) sowie Mitglied der acatech – Deutsche Akademie der Technikwissenschaften.

Barbara Dengler studierte Wirtschaftsingenieurwesen an der Hochschule Hannover. Noch vor Abschluss ihres Studiums kam sie an das Institut für Fertigungstechnik und Werkzeugmaschinen (IFW) an der Leibniz Universität Hannover, um ihre Diplomarbeit im Bereich Fertigungsstrukturen und -abläufe zu schreiben. Verschiedene Praktika während ihrer Studienzeit führten sie zu Niederlassungen der Daimler Chrysler AG in Sindelfingen und Peking/China. Seit 2009 ist sie wissenschaftliche Mitarbeiterin am IFW an der Leibniz Universität Hannover mit den Schwerpunkten Fertigungsplanung und -steuerung.

Berend Denkena hat im Anschluss an eine Schlosserlehre in Hannover Maschinenbau und Betriebswirtschaft studiert. Von 1987 an war er wissenschaftlicher Mitarbeiter am Institut für Fertigungstechnik und Werkzeugmaschinen (IFW) der Universität Hannover, wo er 1992 promovierte. Anschließend verließ er das IFW und ging als Konstrukteur in die Werkzeugmaschinensparte der THYSSEN Industrie AG. 1993 wechselte er in eine Position als Leiter Systems Analysis and Standards Engineering bei THYSSEN Production Systems in die USA. 1995 kam er zurück nach Deutschland, um bei der THYSSEN-Tochter HÜLLER HILLE die Leitung der mechanischen Werkzeugmaschinen-Entwicklung zu übernehmen. Ab 1996 wirkte er bei GILDEMEISTER Drehmaschinen, wo er den Bereich Entwicklung und Konstruktion führte. 2001 wurde er als Leiter des IFW an die Leibniz Universität Hannover berufen. Berend Denkena ist Fellow der Internationalen Akademie für Produktionstechnik (CIRP) und Mitglied der acatech – Deutsche Akademie der Technikwissenschaften.

Philipp Hoppen studierte an der Universität Karlsruhe Maschinenbau und arbeitete nach seinem Studienabschluss von Juni 2010 bis August 2011 als wissenschaftlicher Mitarbeiter am IPEK – Institut für Produktentwicklung am Karlsruher Institut für Technologie (KIT). Dort beschäftigte er sich mit der Entwicklung von Bauteilverbindungen für Mikrosysteme. Seit September 2011 ist er am wbk Institut für Produktionstechnik am Karlsruher Institut für Technologie (KIT) tätig und forscht dort im Bereich der Prozessentwicklung bei der Mikrozerspanung.

Leif Marxen studierte an der Universität Karlsruhe Maschinenbau und arbeitet seit seinem Studienabschluss 2007 als wissenschaftlicher Mitarbeiter am IPEK – Institut für Produktentwicklung am Karlsruher Institut für Technologie (KIT). Seit 2008 leitet er dort die Forschungsgruppe Entwicklungsmethodik und Entwicklungsmanagement. In seiner Forschung beschäftigt er sich mit Methoden und Prozessen zum Schutz vor Produktpiraterie, Wandlungsfähigkeit und Vorausschau in Innovationsnetzwerken und Wissenschaftsmethodik.

Sven Matthiesen ist Leiter des Fachgebiets Gerätekonstruktion am IPEK – Institut für Produktentwicklung am Karlsruher Institut für Technologie (KIT). Sein Forschungsschwerpunkt liegt auf der Erforschung und Entwicklung von Methoden und Prozessen zur Unterstützung der Produktentwicklung technischer Geräte. Sven Matthiesen studierte Maschinenbau an der damaligen Universität Karlsruhe (TH), wo er 2002 promovierte. Danach wechselte er zunächst als Konstrukteur, später als Entwicklungsleiter zur HILTI Aktiengesellschaft im Fürstentum Liechtenstein, bevor er 2010 die Professur für Gerätekonstruktion am Karlsruher Institut für Technologie (KIT) übernahm. Am IPEK – Institut für Produktentwicklung ist er außerdem Leiter des Geschäftsbereichs Lehre. Zentraler Bestandteil seiner Aktivitäten in der Lehre ist der Aufbau neuer Ausbildungskonzepte zur Steigerung der Synthesekompetenz in der integrierten Produktentwicklung.

Hannes Schmalenbach hat an der Universität Karlsruhe Maschinenbau und an der École Nationale Supérieure d'Arts et Métiers studiert. Seit seinem Studienabschluss 2007 ist er als wissenschaftlicher Mitarbeiter am IPEK – Institut für Produktentwicklung am Karlsruher Institut für Technologie (KIT) tätig, wo er seit 2009 Mitglied der Forschungsgruppe Entwicklungsmethodik und Entwicklungsmanagement ist. In seiner Forschung beschäftigt er sich mit Methoden zur Repräsentation und Bereitstellung von Wissen in der Produktentwicklung.

Martin Winter studierte an der Universität Erlangen-Nürnberg Sozialwissenschaften und promovierte anschließend an der Universität Halle-Wittenberg. Vor seiner Tätigkeit am Institut für Hochschulforschung (HoF) leitete er die Evaluationsstelle der Universität Halle-Wittenberg und den von ihm ins Leben gerufenen Evaluationsverbund Leipzig, Jena und Halle. Im Rahmen von Kooperationsprojekten des Instituts mit der Universität Halle-Wittenberg begleitete er deren Entwicklungsplanung und Organisationsreform. Im Rahmen eines Programms der Hochschulrektorenkonferenz war Martin Winter für die Konzeption und Umsetzung der Studienstrukturreform an der Universität Halle-Wittenberg sowie des Lehrerstudiums in Sachsen-Anhalt mit verantwortlich. Seit 2001 ist er am Institut für Hochschulforschung (HoF), einem An-Institut der Universität Halle-Wittenberg, und leitet verschiedene Projekte insbesondere in den Bereichen Studium und Studienreform, Evaluation und Qualität von Lehre und Forschung, Hochschulorganisation und -verwaltung sowie Hochschulentwicklung und -politik.

> BISHER SIND IN DER REIHE acatech STUDIE UND IHRER VORGÄNGERIN acatech BERICHTET UND EMPFIEHLT FOLGENDE BÄNDE ERSCHIENEN:

Buchmann, Johannes (Hrsg.): *Internet Privacy. Eine multidisziplinäre Bestandsaufnahme/A multidisciplinary analysis* (acatech STUDIE), Heidelberg u.a.: Springer Verlag 2012.

Geisberger, Eva/Broy, Manfred (Hrsg.): *agendaCPS. Integrierte Forschungsagenda Cyber-Physical Systems* (acatech STUDIE), Heidelberg u.a.: Springer Verlag 2012.

Appelrath, Hans-Jürgen/Kagermann, Henning/Mayer, Christoph (Hrsg.): *Future Energy Grid. Migrationspfade ins Internet der Energie* (acatech STUDIE), Heidelberg u.a.: Springer Verlag 2012.

Spath, Dieter/Walter, Achim (Hrsg.): *Mehr Innovationen für Deutschland. Wie Inkubatoren akademische Hightech-Ausgründungen besser fördern können* (acatech STUDIE), Heidelberg u.a.: Springer Verlag 2012.

Hüttl, Reinhard. F./Bens, Oliver (Hrsg.): *Georessource Wasser – Herausforderung Globaler Wandel* (acatech STUDIE), Heidelberg u.a.: Springer Verlag 2012.

acatech (Hrsg.): *Organische Elektronik in Deutschland.* (acatech BERICHTET UND EMPFIEHLT, Nr. 6), Heidelberg u.a.: Springer Verlag 2011.

acatech (Hrsg.): *Monitoring von Motivationskonzepten für den Techniknachwuchs* (acatech BERICHTET UND EMPFIEHLT, Nr. 5), Heidelberg u.a.: Springer Verlag 2011.

acatech (Hrsg.): *Wirtschaftliche Entwicklung von Ausgründungen aus außeruniversitären Forschungseinrichtungen* (acatech BERICHTET UND EMPFIEHLT, Nr. 4), Heidelberg u.a.: Springer Verlag 2010.

acatech (Hrsg.): *Empfehlungen zur Zukunft der Ingenieurpromotion. Wege zur weiteren Verbesserung und Stärkung der Promotion in den Ingenieurwissenschaften an Universitäten in Deutschland* (acatech BERICHTET UND EMPFIEHLT, Nr. 3), Stuttgart: Fraunhofer IRB Verlag 2008.

acatech (Hrsg.): *Bachelor- und Masterstudiengänge in den Ingenieurwissenschaften. Die neue Herausforderung für Technische Hochschulen und Universitäten* (acatech BERICHTET UND EMPFIEHLT, Nr. 2), Stuttgart: Fraunhofer IRB Verlag 2006.

acatech (Hrsg.): *Mobilität 2020. Perspektiven für den Verkehr von morgen* (acatech BERICHTET UND EMPFIEHLT, Nr. 1), Stuttgart: Fraunhofer IRB Verlag 2006.

> acatech – DEUTSCHE AKADEMIE DER TECHNIKWISSENSCHAFTEN

acatech vertritt die deutschen Technikwissenschaften im In- und Ausland in selbstbestimmter, unabhängiger und gemeinwohlorientierter Weise. Als Arbeitsakademie berät acatech Politik und Gesellschaft in technikwissenschaftlichen und technologiepolitischen Zukunftsfragen. Darüber hinaus hat es sich acatech zum Ziel gesetzt, den Wissenstransfer zwischen Wissenschaft und Wirtschaft zu unterstützen und den technikwissenschaftlichen Nachwuchs zu fördern. Zu den Mitgliedern der Akademie zählen herausragende Wissenschaftler aus Hochschulen, Forschungseinrichtungen und Unternehmen. acatech finanziert sich durch eine institutionelle Förderung von Bund und Ländern sowie durch Spenden und projektbezogene Drittmittel. Um den Diskurs über technischen Fortschritt in Deutschland zu fördern und das Potenzial zukunftsweisender Technologien für Wirtschaft und Gesellschaft darzustellen, veranstaltet acatech Symposien, Foren, Podiumsdiskussionen und Workshops. Mit Studien, Empfehlungen und Stellungnahmen wendet sich acatech an die Öffentlichkeit. acatech besteht aus drei Organen: Die Mitglieder der Akademie sind in der Mitgliederversammlung organisiert; das Präsidium, das von den Mitgliedern und Senatoren der Akademie bestimmt wird, lenkt die Arbeit; ein Senat mit namhaften Persönlichkeiten vor allem aus der Industrie, aus der Wissenschaft und aus der Politik berät acatech in Fragen der strategischen Ausrichtung und sorgt für den Austausch mit der Wirtschaft und anderen Wissenschaftsorganisationen in Deutschland. Die Geschäftsstelle von acatech befindet sich in München; zudem ist acatech mit einem Hauptstadtbüro in Berlin und einem Büro in Brüssel vertreten.

Weitere Informationen unter www.acatech.de

> Die Reihe acatech STUDIE

In dieser Reihe erscheinen die Ergebnisberichte von Projekten der Deutschen Akademie der Technikwissenschaften. Die Studien haben das Ziel der Politik- und Gesellschaftsberatung zu technikwissenschaftlichen und technologiepolitischen Zukunftsfragen.

The manufacturer's authorised representative in the EU is Springer Nature Customer Service Centre GmbH, Europaplatz 3, 69115 Heidelberg, Germany. If you have any concerns regarding our products, please contact ProductSafety@springernature.com

Printed and bound by CPI Group (UK) Ltd, Croydon, CR0 4YY

26/03/2026

02078997-0002